Inhalt

Vorwort

Ich konnte über die letzten Jahre hautnah miterleben, wie die Innovationsgeschwindigkeit ständig zunahm. In meiner Rolle als Chief Innovation Officer bei einem Schweizer ICT Konzern wurden disruptive Technologien der Treiber für neue Geschäftsmodelle, engere Kundenbeziehungen und neuartige Wertströme. Zugleich verstärkte sich die Notwendigkeit, die Kunden und ihre Bedürfnisse besser zu verstehen. Design Thinking als Mindset hat mir als Innovator geholfen, die digitale Transformation zu meistern und die Wettbewerbsfähigkeit zu erhalten. Inzwischen reicht es jedoch nicht mehr aus, singuläre Geschäftsmodelle zu betrachten. Es entstehen neue Business Ökosysteme, in denen Kunden von digitalen Assistenten, künstlicher Intelligenz und dezentralen Netzwerkstrukturen bedient werden. Die Systeme der physischen Welt und die digitale Welt verschmelzen. Wir sehen, wie Kryptowährungen und digitale Assets an Wertpapieren, Autos und Immobilien sicher und nachvollziehbar auf Blockchain-Lösungen ihre Eigentümer wechseln. Manuelle Prozesse werden automatisiert und Kunden erleben ein durchgängiges Kundenerlebnis. Informationstechnologie steht hierbei nicht in Konkurrenz zum Menschen, sondern unterstützt und befähigt uns, unser Leben besser und einfacher zu machen. Für dieses Ziel habe ich die wichtigsten Denkhaltungen und Methoden zusammengefasst. An dieser Stelle möchte ich mich besonders bei dem Design Thinker Achim Schmidt für die Illustrationen bedanken. Denn was wäre Design Thinking ohne gute Visualisierungen…? Mein Dank geht zudem an die Design Thinking Community für die thematische Reflexion.

„Mit Design Thinking erfinden wir gerade neu, wie wir in Zukunft zusammen lernen und arbeiten werden in einer sich immer stärker vernetzenden Welt – weg von einem trennenden, auf Einzelkonkurrenz setzenden Modus, hin zu einem verbindenden, kollaborativen Denken und Handeln."

Ulrich Weinberg, Leiter HPI School of Design Thinking (Quelle: HPI, 2015)

Einführung & Anwendung

Design Thinking kommt heute in verschiedenen Anwendungsfeldern zum Einsatz. Multinationale Unternehmen (von der Deutschen Bank bis SAP) suchen mit dem Design Thinking Mindset nach Hinweisen für ihre digitale Strategie oder Transformation. Start-ups kreieren neue Business Ökosysteme. Design Thinking hilft ihnen, einfache und elegante Lösungen zu erarbeiten und ihre Value Proposition als Story prägnant zu kommunizieren.

Airbnb scheiterte z. B. fast mit seiner ersten Webseite airbedandbreakfast.com, bevor das Start-up Team die wahren Bedürfnisse der Nutzer erkannte, um erfolgreich Zimmer zu vermieten, ohne Gebäude zu besitzen. In kürzester Zeit werden so neue Marktopportunitäten geschaffen, Marktanteile gewonnen und neue Zielgruppen erschlossen.

Städte und Kommunen nutzen den kollaborativen Ansatz, um smarte Lösungen für ihre Bürger zu gestalten. Stadtstaaten wie Singapur initiieren z. B. großflächige Design Thinking Kampagnen, um aus allen Singapurnäsen das kreative Potenzial zu entlocken. Dienstleistungsunternehmen verbessern kontinuierlich die Kundenerlebniskette durch Design Thinking und gestalten einzigartige Kundeninteraktionen über verschiedene digitale Kanäle. Ein bekanntes Beispiel für Service Design Thinking ist die Initiative „Keep the Change", die IDEO für die Bank of America entwickelte und damit über 8 Millionen neue Kunden für die Bank gewinnen konnte. Aber auch Non-Profit Organisationen nutzen das Paradigma, um neue digitale Wege zu ergründen, welche die einzelnen Stakeholder optimal einbinden. So

entstanden aus einem Projekt der Adalbert-Raps-Stiftung zusammen mit dem HPI (Hasso Plattner Institut) in Potsdam z. B. die Idee, durch eine Crowdfunding Plattform dem Metzgerhandwerk Zugang zu frischem Kapital zu ermöglichen. Design Thinking ist heute überall und in allen Industriezweigen anzutreffen. Eine schnelle Google-Suche gibt einem bereits einen guten Überblick, was unter Design Thinking zu verstehen ist, welche Unternehmen Design Thinking anwenden und wie interdisziplinäre Teams in einer kreativen Umgebung bestmöglich zusammenarbeiten. Somit gibt es bereits eine Lösung – sogar eine digitale – um mehr über Design Thinking zu erfahren. Umso größer war die Herausforderung, es auf wenigen Seiten besser, anschaulicher und kompakter darzustellen. Im Design Thinking versuchen wir unsere Design-Challenges in fassbaren Sätzen zu formulieren.

> Es ist wichtig zu beschreiben, für **WEN** wir etwas, mit **WELCHEM ZWECK**, zu **WELCHEN BEDINGUNGEN** und/oder **EINSCHRÄNKUNGEN** gestalten, um ein bestimmtes Ziel zu erreichen oder eine gewünschte **ERFAHRUNG** zu erzeugen.

Und so habe auch ich die Problemstellung für dieses Buchprojekt wie folgt formuliert:

> *Wie kann ich ein kompaktes Buch gestalten, das den Anforderungen von anspruchsvollen Lesern genügt, die mehr über die Anwendung von Design Thinking für die Findung von Lösungen in einer digitalen Welt, in kurzer Zeit, erfahren möchten?*

Mein Wunsch an das Wertversprechen war somit klar: Das Buch „Design Thinking" zeigt in kompakter Form die wichtigsten Prinzipien im Design Thinking. Es geht explizit auf die Herausforderungen der Digitalisierung ein und schafft so einen aktuellen Einblick in die Anwendung von Design Thinking. Der Fokus ist bewusst auf die Herausforderung von digitalen Innovationen gesetzt, da für viele Unternehmen, Organisationen und Teams ein Design Thinking Workshop der Ausgangspunkt für die digitale Transformation ist. So erlebt Design Thinking in der Digitalisierung ein Revival, da das zugrundeliegende Mindset per se darauf ausgelegt ist, durch schnelle Iterationen, den Bau und das Testen von Prototypen – in interdisziplinären Teams – bessere Lösungen zu erhalten.

> Das Design Thinking liefert somit Antworten und Lösungen für Probleme, die im Zeitalter der Digitalisierung und zunehmend vernetzter Wertschöpfung und Komplexität allgegenwärtig sind.

Zentrales Element im Design Thinking ist der Kunde beziehungsweise, um genau zu sein, der Nutzer. Seine Bedürfnisse sind die Ausgangslage für die meisten Problemstellungen. Neben den wichtigsten Grundlagen zum Design Thinking wurde in diesem Büchlein bewusst auch die Kombination mit anderen Disziplinen wie z.B. Systems Thinking beleuchtet. Also Fähigkeiten, die besonders in einer digitalisierten Welt an Bedeutung zunehmen. Zuerst soll aber auf das klassische Design Thinking eingegangen werden, mit seinem Fokus auf den Raum, die Teams, einer positiven Denkhaltung und dem gemeinsamen Prozessverständnis.

> **!** Design Thinking basiert auf einer gemeinschaftlichen Arbeits- und Denkstruktur (das Design Thinking Mindset). Wesentliche Elemente für den Erfolg werden durch die kreative Umgebung (Raum), die interdisziplinären Teams und einem gemeinsamen Verständnis über den Design Thinking Prozess bestimmt.

Im Design Thinking suchen wir Marktopportunitäten und Innovationen, die in der Schnittstelle zwischen Wünschbarkeit, Machbarkeit und Wirtschaftlichkeit entstehen. Wobei die wichtigste Perspektive wohl die Wünschbarkeit ist. Der potenzielle Nutzer muss den Mehrwert der Lösung erkennen, ein besonderes Erlebnis erfahren oder z.B. einen tieferen inneren Wunsch haben, Teil einer Gruppe oder eines Systems zu werden.

> **!** Gute Lösungen, Innovationen und Marktopportunitäten gehen auf die Bedürfnisse der Nutzer ein, sind technisch realisierbar und sichern nachhaltig die Wirtschaftlichkeit.

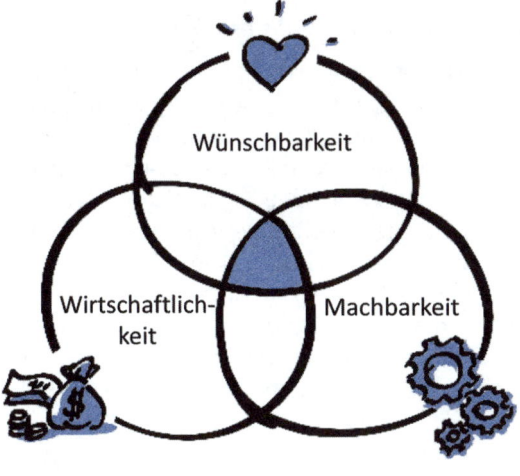

Marktopportunitäten und Innovationen entstehen
in der Schnittmenge, wenn:

Wünschbarkeit erfüllt ist

*Wir haben bereits erste Ideen und Lösungen gefunden,
die vielversprechend klingen und Prototypen gebaut, die
positiven Anklang bei unseren potenziellen Nutzern finden.*

Machbarkeit erfüllt ist

*Die potenziellen Ideen und Lösungen erscheinen realistisch,
machbar und technisch umsetzbar.*

Wirtschaftlichkeit erfüllt ist

*Das Resultat kann eine ausreichende Marktgröße adressie-
ren, sodass wir die Idee monetarisieren können.*

Exkurs: Was ist Digitalisierung?

Digitalisierung beschreibt im Kontext dieses Buches die Verschmelzung von moderner Informationstechnologie (wie z.B. Internet, Cloud-Computing, Big Data Analytics, Blockchain etc.) mit Prozessen und physischen Gegenständen. Durch die Digitalisierung sollen so z.B. effizientere oder automatisierte Prozesse realisiert oder Gegenstände wie Autos, Häuser, Stromnetze etc. intelligenter werden. Zentral ist in der Digitalisierung der Mensch mit seinen Bedürfnissen. Er soll durch einfache Handhabung und in der Interaktion mit Hardware, Notifikationen und Automatisierungen ein besonderes Erlebnis und eine Erleichterung der zu erfüllenden Aufgaben erfahren. Die Generation „Internet" z.B. hat mit dem Smartphone über die letzten 15 Jahre einen digitalen Lebensstil geprägt, der heute dazu beiträgt, dass wir uns in Bezug auf unser tägliches Leben (z.B. Termine, Karten, Zugverbindungen etc.) auf das Smartphone verlassen. Ein ständiger Begleiter, der uns im täglichen Leben mehr Sicherheit bei Entscheidungen, Handlungen und in der Planung unseres Lebens gibt. Die digitale Transformation beschreibt hierbei den fortlaufenden Wandel von Unternehmen und der Gesellschaft in Zusammenhang mit neuen Informationstechnologien. (vgl. Cole, 2015; Keuper et. al., 2013; Matzler et. al. 2017)

Auf den Punkt gebracht

- Design Thinking hat den Einzug in alle Industrien geschafft und erlebt in der Digitalisierung ein Revival.

- Zahlreiche Unternehmen integrieren das Design Thinking Mindset in ihrer Unternehmenskultur und versuchen, Werkzeuge und Methoden aus dem Design Thinking transversal im Unternehmen zu verankern.

- Ausgehend von den Bedürfnissen eines potenziellen Nutzers werden neue Lösungen erarbeitet.

- Die Design Challenge fassen wir in einen Satz: „Wie kann ich für eine Zielgruppe/Nutzer _____, unter der Bedingung von _____ und/oder der Nutzung von _____ einen gewünschten Zielzustand erreichen?"

- Das zugrundeliegende Mindset ist per se darauf ausgelegt, durch schnelle Iterationen, den Bau und das Testen von Prototypen – in interdisziplinären Teams – bessere Lösungen zu erhalten.

- Innovationen und neue Marktopportunitäten entstehen in der Schnittmenge von technologischer Machbarkeit, wirtschaftlicher Tragfähigkeit und Erwünschtheit des Nutzers.

- Design Thinking hat eine große Bedeutung in der Digitalisierung, weil z. B. der Kunde in kurzen Interaktionen ein besonderes Erlebnis erwartet. Dieses gilt es zu gestalten.

1. Inhalte kurz & bündig

Design Thinking lebt vom **Machen und Ausprobieren**! (Abschnitt 2–3)

Design Thinking ist eine Kombination **richtigen Einstellung** (Mindset), **inte Teams** und einer **Umgebung, die Exp** zulässt. (Abschnitt 4–5)

Im Design Thinking ist es wichtig zu wissen, **wo wir im Prozess stehen** und situativ die richtigen **Methoden und Werkzeuge** einzusetzen. (Abschnitt 6)

Für die **erfolgreiche Umsetzung**
unserer Lösungen benötigen wir
Unterstützer, Partner & Sponsoren.
(Abschnitt 7)

der
plinären
ente

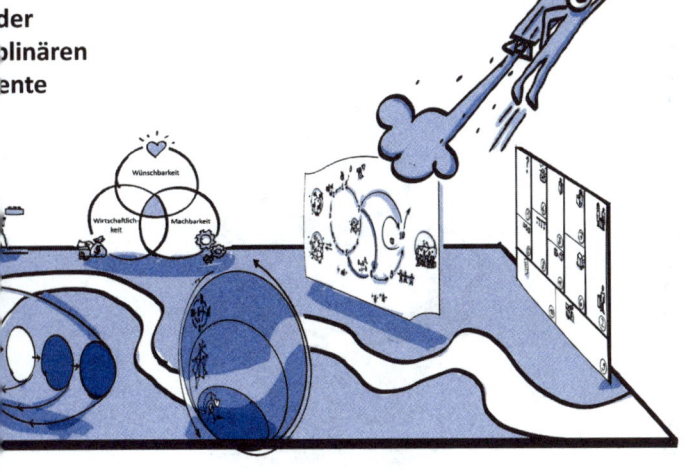

Das **Denken in Systemen** und die **multidimensionale
Betrachtung von Geschäftsmodellen** ist notwendig, um
komplexe Probleme in der Digitalisierung anzugehen.
(Abschnitt 8–12)

2. Übung: Tue es einfach. Jetzt!

Das Grundprinzip von Design Thinking ist am besten zu verstehen, wenn es erlebt wird. Die folgende Übung gibt uns ein erstes Gefühl für das Design Thinking Mindset. Ausgangslage ist ein bekanntes Problem.

Eine deutsche Boulevardzeitung schreibt:

Deutschland ist Europameister

– im Dickwerden!

Die Ursachen für die Fettleibigkeit sind bekannt: zu viel ungesundes Essen und zu wenig Bewegung. Das betrifft besonders die Industrienationen, in denen auch immer mehr Kinder und Heranwachsende verfetten.

Es handelt sich wohl um ein sehr komplexes Problem, weil wir uns aufgrund unseres Lebensstils und den Essgewohn-

heiten etc. anscheinend nur schwer dazu motivieren können, unser Verhalten zu ändern.

Am besten definieren wir aus diesen Fakten eine prägnante Problemstellung. Da wir eine digitale Lösung kreieren möchten, nehmen wir dieses Element als Design Kriterium mit auf. So entsteht ein Problemstatement, das sich z. B. so lesen könnte:

> *Wie können wir die Motivation der Bevölkerung steigern, sich fit und gesund zu halten, unter dem Einsatz von moderner Informationstechnologie?*

Die folgenden 12 Schritte geben eine Anleitung für die Übung. Wichtig ist, einfach zu starten und nicht lange zu überlegen. Am besten nehmen wir uns einen Notizblock zur Hand, da leider nur wenig Platz im Buch selbst bleibt, um sich Notizen zu machen. Für die eiligen Leser wurden die Antworten exemplarisch aufgeführt. Ich habe den fiktiven Nutzer „Benjamin" befragt, beobachtet und seine Bedürfnisse erkundet. Jedoch möchte ich dazu ermutigen, an dieser Stelle selbst aktiv und kreativ zu werden.

1. Reflektiere dein eigenes Verhalten und beobachte deine Umgebung. Wann und wo wird z. B. Sport gemacht?

> - *Meine Freunde sind im lokalen Fußballverein und meine Oma macht Seniorenturnen.*
> - *Durch Animation im All-Inclusive Urlaub habe ich in den Ferien fast täglich Sport gemacht.*
> - *Aber nach der Arbeit bin ich müde und sehe TV.*
> - *…*

Weitere Ideen für Fragen: Was kaufen die Menschen im Supermarkt? Wie nutzen sie z. B. ihr Smartphone & Smartwatch? Was ist meine Ausrede, heute keinen Sport zu machen?

2. Übung: Skizziere eine erste Idee, wie du das Problem der Verfettung lösen würdest (3 Minuten): z. B. Fitness & TV verbinden.

Versuche in deiner Skizze einen Ablauf darzustellen, z. B. Scannen von Lebensmittel-Info via QR Code, Notifikation Smartwatch „Bewege dich mehr" oder Ideen, die aus der Beobachtung/Reflexion abzuleiten sind, wie z. B. Fitness & TV zu verbinden.

3. Zeige deine Idee/Skizze mindestens zwei Personen in deinem Umfeld (z. B. Lebensgefährten, Kollegen oder Freunde). Und wenn du dich traust: am besten Personen, die du nicht kennst.

→ *Exemplarische Antwort aus Interview mit Benjamin*

- **Benjamin:** *Mir gefällt an der Idee nicht, dass ich dann immer Sport machen muss, um fernzusehen. Es muss doch einfacher gehen, attraktiv zu wirken.*

- …

Halte die wichtigen Erkenntnisse aus dem Feedback fest und führe ein offenes Mini-Interview mit jemandem in der Nähe. Versuche dabei herauszufinden, warum sich Menschen so verhalten, um Klarheit über ihre Motivation zu erlangen. Erkundige dich nach Beispielen und frage, was in der Zukunft passieren wird.

→ *Hake nach und vertiefe mit offenen Fragen …*

- *Warum kannst du nicht ohne Fernsehen leben?*

Benjamin: *Weil es eine Routine ist, die Serie am Montag und Dienstag um 18:30 Uhr zu sehen*

- *Warum möchtest du attraktiv wirken?*

Benjamin: *Um eine Lebenspartnerin zu finden.*

- …

Offene Fragen geben Raum für Antworten…
- Was meinst du genau damit?
- Warum ist es so schwer?
- Welche App hast du zuletzt heruntergeladen & warum?

4. Aus dem Interview können wir Ziele und Wünsche der befragten Personen ableiten. Am besten beschreibst du diese mit Verben (3 Minuten).

- *gesund und attraktiv auf andere wirken*
- *eine Freundin finden*
- *…*

Bsp. für Verben: Computer spielen, langweilen, stressen, soziale Kontakte pflegen, faul auf dem Sofa liegen, Kleider in Größe M statt XXL tragen, sich gemeinsam mit der Partnerin fit halten etc.

Reflektiere diese Erkenntnisse und hinterfrage die Annahmen, die hinter deiner ersten Idee standen. So entstehen neue Erkenntnisse, die helfen, das Problem zu lösen.

- *Menschen möchten mit dem geringsten Aufwand sportlich und attraktiv auf andere wirken….*
- *…*

5. Formuliere einen Standpunkt, auch „Point-of-view" genannt (3 Minuten), und definiere eine typische Person, die in der Zielgruppe ist bzw. die du befragt hast.

- *Benjamin (36 Jahre) möchte schlank und attraktiv wirken, um eine Lebenspartnerin zu finden, aber meist liegt er alleine auf dem Sofa und isst Chips, wenn er seine Fernsehserien ansieht.*

- …

Ein Standpunkt startet z. B. mit der Person…

Name der Persona / Beschreibung

benötigt etwas um _____
sein Bedürfnis

da (oder „aber…" / „überraschenderweise…."**)**
(umkreise eines)

_____

_____
Insight (Einblick/Erkenntnis)

6. Entwickle drei verschiedene Lösungen, welche die Bedürfnisse eines potenziellen Nutzers decken (5–10 Minuten). Gebe jedem deiner Prototypen einen Namen.

Prototyp 1: Sport-Date

- *Prototyp 2: …*
- *Prototyp 3: …*

Wie können die Bedürfnisse des Nutzers befriedigt werden? Welche verborgenen Wünsche können mit der Lösung adressiert werden? Welche Funktion ist zwingend notwendig?

7. Hole Feedback zu deinen neuen Lösungen ein und notiere diese. Frage, was die Nutzer gut finden und was sie sich noch wünschen (10 Minuten)?

- *Feedback von Benjamin: Super Idee, um jemand kennenzulernen, aber was ist, wenn das Fitnesslevel zu unterschiedlich ist? Es wäre gut, wenn es jemand ist, der das gleiche Level hat.*
- *…*

8. Reflektiere das Feedback und generiere/skizziere eine neue Lösung (3 Minuten).

- *Lösung: Es werden nur Personen gematcht, die auf dem gleichen Fitness-Level sind.*
- *...*
- *...*

9. Baue einen einfachen Prototyp, mit dem ein potenzieller Nutzer interagieren kann (5–15min).

Beispiel: Sport-Dating-App

Verwende einfache Materialien, wie z. B. eine Menüführung auf Papier, um eine Sport-Dating-App darzustellen. Zeige die Matching Qualität. Belohne die Community Mitglieder, die sehr fit sind und andere motivieren Sport zu machen z. B. mit Loyalitäts-Token.

10. Teste deine Lösung und hole Feedback ein. Halte fest, was gefallen hat, Wünsche, die geäußert wurden, Fragen, die bei der Interaktion entstanden sind und weitere Ideen, die bei der Erfahrung generiert wurden.

- *Feedback von Benjamin: Ich hätte Angst, mich beim Date zu blamieren…*
- *Alternativ könnte man sich auch mit Menschen treffen, die sich eher gesund ernähren.*
- …
- …

Feedback lässt sich z. B. mit einem Feedback-Raster einsammeln und strukturieren.

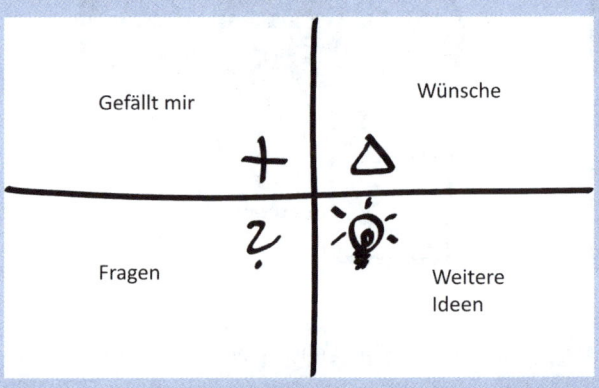

Trage ein, was dem Nutzer gefällt, er sich wünscht, welche Fragen er zur Lösung hat und weitere Ideen, die aus der Interaktion entstanden sind.

11. Notiere mindestens zwei Erkenntnisse aus dem Feedback, die du in der nächsten Iteration verändern möchtest.

- *„Gesundes Essen"*
- *„Beim Sport kann ich keinen Eindruck machen"*
- *…*

12. Definiere einen neuen Standpunkt aufgrund von neu gewonnen Erkenntnissen, Feedbacks und User-Tests.

- *Persona Benjamin (36 Jahre) ist nicht für Sport zu begeistern, aber gesundes Essen wäre eine echte Alternative für ihn.*
- *…*

Wiederhole die Schritte 4 bis 12 für eine neue Iteration!

Über die mehrmaligen Iterationen erhalten wir bessere Erkenntnisse, die Prototypen werden realer und über die Zeit nimmt die Lösung Form an. Zudem haben wir bereits (ohne, dass es uns bewusst war) einige Methoden und Werkzeuge aus dem Design Thinking Mindset und Zyklus angewandt. Viele der gerade angewandten Methoden und Werkzeuge werden wir später im Buch wiedererkennen.

> Design Thinking lebt vom Machen und dem Bau von Prototypen. Tiefe Erkenntnisse erhalten wir in der Interaktion mit dem potenziellen Nutzer.

Die vorgestellte Übung eignet sich auch sehr gut für Design Thinking Crash-Kurse, da die Problemstellung schnell fassbar ist.

Ebenfalls können für eine Übung einfache Gegenstände des Alltags (wie z. B. eine Geldbörse) oder Interaktionen (wie z. B. der Einkauf beim Bäcker) herangezogen werden. Für unser Beispiel hatten wir einen aktuellen Artikel aus einer Boulevardzeitung genutzt.

> *Beispiel für die Basis einer Problemstellung aus einem Design Thinking Kurs: 16 Firmengründer bei der Exploration von neuen Ideen für die Design Challenge: „Deutschland ist Europameister – im Dickwerden!"*

DEUTSCHLAND GEHÖRT ZU DEN SPITZENREITERN

Die Top 10 der fettesten Länder der Welt

Deutschland ist Europameister – im Dickwerden! Hierzulande wohnen die gewichtigsten Menschen des Kontinents. Aber auch weltweit holen wir leider auf: Als einziges Industrieland ist die USA in der Liste der fettesten Staaten vor uns – und das nur noch hauchdünn!

(Quelle: Bild.de, 2017)

Die Problemstellung kann z. B. auch in 2er- oder 4er-Teams erarbeitet werden. Am Ende werden die Prototypen vorgestellt.

Empathie & Interview Phase

Lösungen iterativ entwickeln

Neue Lösungen gestalten

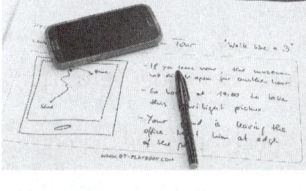

Einfaches Material

Prototype bauen

Präsentation der Lösung

Wichtig ist beim Design Thinking mit einer positiven
Grundhaltung an das Problem heranzugehen. Ideen
dürfen bewusst von anderen kopiert werden und Feedback ist explizit erwünscht: Am besten in der Form:
„Mir gefällt …", und „Ich wünsche mir …".

! Die einleitende Übung hat die Grundzüge von Design Thinking nähergebracht. Bei der Bearbeitung von Design Challenges sollten wir:

- von realen Problemstellungen ausgehen,
- Probleme als Aufforderung für Veränderung sehen,
- unsere Annahmen hinterfragen,
- Empathie mit dem Nutzer aufbauen,
- Bedürfnisse von Nutzern ergründen,
- viele Ideen entwickeln,
- fortlaufend Standpunkte (PoV) entwickeln,
- Prototypen bauen und testen,
- Ideen potenziellen Nutzern zeigen,
- Lösung durch Iterationen verbessern oder verwerfen und
- das Feedback und unsere Annahmen reflektieren.

➜ Diese Grundzüge werden im Kapitel 6.3 „Der Mikrozyklus" ausführlich erklärt.

Das Design Thinking Mindset hat noch einige weitere Aspekte, die in der Übung noch nicht explizit adressiert wurden. Auf die Wichtigkeit der einzelnen Elemente, insbesondere auch hinsichtlich der Digitalisierung, kommen wir später zurück.

Auf den Punkt gebracht

- Design Thinking wendet verschiedene Methoden und Werkzeuge an, um auch hinter die Kulissen der potenziellen Nutzer zu blicken.

- Zum einen können wir unseren Nutzer in seiner Umgebung beobachten und ihn zudem mit unseren Lösungsvorschlägen (Ideen) konfrontieren.

- Eine wichtige Fähigkeit im Design Thinking ist es, Empathie mit einem Nutzer aufzubauen. Eine Möglichkeit ist, offene Fragen zu stellen, um mehr über seine wahren Bedürfnisse zu erfahren.

- Die jeweiligen Erkenntnisse werden genutzt, um unsere Ideen (Prototypen) zu verbessern.

- Jede Iteration bringt neue Erkenntnisse für unseren Standpunkt (PoV) und verbessert unsere Prototypen.

- Am besten wird Design Thinking erlernt, indem es angewandt wird, wie in der einleitenden Übung „Tue es einfach. Jetzt!"

3. Das Design Thinking Mindset

Das Design Thinking Mindset unterstützt eine optimistisch-kreative Haltung im Umgang mit Problemen (vgl. Lewrick, 2014). Oftmals wird Design Thinking auch als Prozess oder Methode beschrieben, was dazu führt, dass es auch wie ein starrer Prozess gelebt wird. Entscheidend ist jedoch die Einstellung, wie an die Materie herangegangen wird, und so ist das Mindset wohl die wichtigste Komponente. Am Ende ist es das Ziel, neue Marktopportunitäten aufzuspüren und zu monetarisieren. Das Design Thinking Mindset fokussiert sich auf die folgenden Aspekte:

1. Ausgehend von Menschen

Der Mensch mit seinen Bedürfnissen, Möglichkeiten, Erfahrungen und seinem Wissen ist Ausgangspunkt der Überlegungen. Menschen haben Lust (Gains) und Frust (Pains) und Aufgaben, die zu erfüllen sind (jobs-to-be-done).

2. Problembewusstsein schaffen

Es ist im Design Thinking zentral zu verstehen, an was wir arbeiten und welche größere Vision damit verfolgt werden soll. Das Team muss das Problem für die Lösungsfindung verinnerlicht und in der Tiefe verstanden haben.

3. Interdisziplinäre Teams

Die Zusammenarbeit im Team und von Teams-of-Teams ist zentral für die ganzheitliche Betrachtung von Problemstel-

lungen. Teammitglieder mit unterschiedlichen Kompetenzen und Fachwissen (T-shaped) helfen im kreativen Prozess und in der Reflektion von Ideen.

4. Bau & Experimente mit Prototypen

Nur die Realität zeigt, ob eine Funktion oder Lösung Bestand hat. Die Umsetzung von einfachen und physischen Prototypen hilft, Feedback vom potenziellen Nutzer zu erhalten.

5. Achtsamkeit auf den Design Prozess

Für die Arbeit im Team ist es zentral, dass alle Mitglieder wissen, wo man im Design Zyklus steht, welche Ziele gerade erreicht werden sollen und welche Werkzeuge Anwendung finden.

6. Ideen visualisieren und zeigen

Die Value Proposition und Vision einer Idee muss bedarfsgerecht kommuniziert werden. Hierbei sind die Bedürfnisse des Nutzers zu adressieren, einprägende Geschichten zu erzählen und mit Bildern zu arbeiten.

7. Es tun, als nur darüber zu reden

Design Thinking beruht nicht auf langen Überlegungen im stillen Kämmerchen, sondern lebt vom Machen (z. B. Bauen von Prototypen und Interaktion mit potenziellen Nutzern).

! Ein Update zum aktuell vorherrschenden Design Thinking Mindset wurde z. B. im Design Thinking Playbook
   (Lewrick et. al, 2018) vorgestellt, welches zusammen
   mit Patrick Link von der Hochschule Luzern und der
   Design Thinking Legende Larry Leifer in der Arbeit mit
   verschiedenen Industriepartnern entstand.

Aus dieser Reflexion der aktuellen Herausforderungen in Bezug auf die Digitalisierung wurden neue Merkmale ergänzt,
wie zum Beispiel:

8. Akzeptiere Komplexität

In der Digitalisierung ist die Problemstellung meist komplex,
da wir unterschiedliche Systeme einbinden und auf Ereignis-
se agil und zielgerichtet reagieren möchten. Das Denken in
Systemen wird zunehmend eine wichtige Fähigkeit.

9. Co-Create, Grow & Scale mit variierenden Denk-
zuständen

Design Thinking hilft uns in der Lösung von Problemen. Für
den Markterfolg müssen jedoch auch Business Ökosysteme,
Geschäftsmodelle und Organisationen gestaltet werden.
Deshalb kombinieren wir situativ verschiedene Ansätze mit
Design Thinking, wie z. B. Data Analytics und Business Öko-
system Design.

Das Design Thinking Mindset in Unternehmen:

Erfolgreiche Technologieunternehmen wie z. B. Amazon und Google haben viele Design Thinking Aussagen in ihrem Wertesystem der Unternehmung verankert.

Die 14 Leadership Principles von Amazon:

1. **100 Prozent kundenorientiert.**
2. *Eigentümerdenken.*
3. **Erfinden und Vereinfachen.**
4. *Die richtige Entscheidung treffen, fast immer.*
5. *Die besten Mitarbeiter einstellen und entwickeln.*
6. *Immer höchste Maßstäbe anlegen.*
7. *In großen Dimensionen denken.*
8. **Im Zweifel: Handeln.**
9. *Sparsamkeit.*
10. **Laut Selbstkritik üben.**
11. *Vertrauen entwickeln und verdienen.*
12. **Dingen auf den Grund gehen.**
13. *Rückgrat zeigen: Uneinigkeit kommunizieren und dennoch Entscheidungen unterstützen.*
14. **Ergebnisse liefern.**

(Quelle: https://www.amazon.jobs/principles)

Der Wertekatalog von Google setzt den Nutzer ebenfalls an die erste Stelle. Der Rest erschließt sich aus Analogien zum Design Thinking und Systems Thinking Mindset.

Der Wertekatalog von Google:

- **Der Nutzer steht an erster Stelle, alles Weitere folgt von selbst.**
- *Es ist am besten, eine Sache richtig gut zu machen.*
- **Schnell ist besser als langsam.**
- *Demokratie im Internet funktioniert.*
- **Man sitzt nicht immer am Schreibtisch, wenn man eine Antwort benötigt.**
- *Geld verdienen, ohne jemandem damit zu schaden.*
- *Irgendwo gibt es immer noch mehr Informationen.*
- *Informationen werden über alle Grenzen hinweg benötigt.*
- *Seriös sein, ohne einen Anzug zu tragen.*
- **Gut ist nicht gut genug.**

(Quelle: https://www.google.com/about/)

> Es ist wichtig, dass wir als Organisation unser eigenes Wertesystem definieren. Es wäre schade, wenn alle Unternehmen ein Klon von Google oder Amazon wären. Das Mindset, die Methoden und Denkhaltungen sollen zur gewünschten Zielkultur passen. Design Thinking kann hierfür als Basis dienen und eine positive Grundhaltung unterstützen.

Auf den Punkt gebracht

Start-ups, Unternehmen, Organisationen und Teams, die Elemente von einem Design Thinking Mindset leben, forcieren bewusst:

- Offenheit gegenüber neuen Ideen, Ansätzen, Lösungen und Meinungen.
- Empathie gegenüber dem potenziellen Nutzer und dessen Wünschen, Hoffnungen und Ängsten.
- Vertrauen auf das richtige Gefühl (Intuition), basierend auf Erfahrungen und dem Unbewussten.
- Optimismus, dass sich Dinge verbessern lassen und dass Veränderungen immer Chancen, weniger Risiken, bergen.
- ganzheitliches und systematisches Denken.

Erfolgreiche digitale Unternehmen wie Amazon und Google setzen den Nutzer ebenfalls ins Zentrum ihrer Überlegungen und zelebrieren weite Teile des Design Thinking Mindsets.

Jedes Unternehmen sollte ein Wertesystem etablieren, das zur jeweiligen Kultur passt. Elemente aus dem Design Thinking können die Transformation unterstützen.

4. T-shaped Teams

Design Thinking lebt von der Arbeit im Team, in denen Menschen mit unterschiedlichen Kompetenzen und Fachwissen zusammenarbeiten. Diese sind im kreativen Prozess und in der Reflexion von Ideen wichtig. Bei der Auswahl von Teammitgliedern für die jeweiligen Problemstellungen, sind Mitglieder mit T-shaped Profilen von Vorteil. Also Menschen mit Breite im Wissen (horizontal) und Tiefe der Expertise (vertikal). Am besten lassen sich Teams bilden, wenn allen die T-shaped Profile der möglichen Teilnehmer bekannt sind und diese gemeinsam, vor der Teamzusammenstellung, vorgestellt werden.

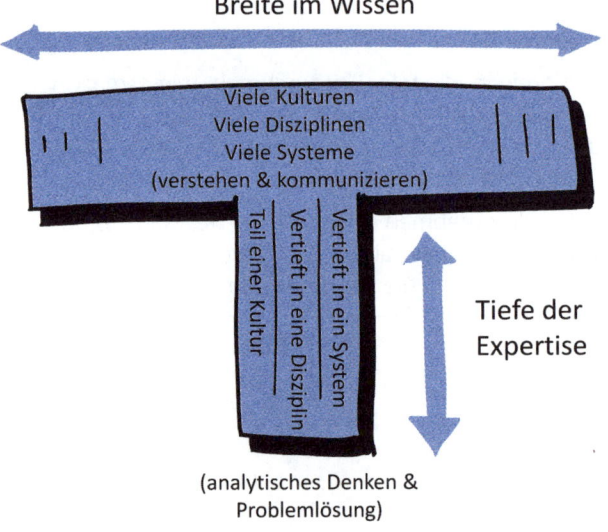

Breite im Wissen

Viele Kulturen
Viele Disziplinen
Viele Systeme
(verstehen & kommunizieren)

Teil einer Kultur
Vertieft in eine Disziplin
Vertieft in ein System

Tiefe der Expertise

(analytisches Denken & Problemlösung)

Zudem sollten möglichst heterogene Teams in Bezug auf die Denkpräferenzen zusammengestellt werden. Es hat sich bewährt, Menschen im Team zu haben, die in einem holistischen Gehirnmodell z. B. sehr gute analytische Fähigkeiten besitzen, Teammitglieder mit einer hohen Empathie-Fähigkeit sowie Menschen mit einer ausgeprägten organisatorischen Begabung oder Einfallsreichtum.

> Die Erstellung eines HBDI Profils (Herrmann, 1996) gibt Auskunft über die Denkpräferenzen. In der Regel haben wir eine präferierte Ausprägung in den vier Quadranten. Ein gutes 4er-Team hat Menschen, die sich in allen vier Quadranten ergänzen. **!**

Rational   Experimentell

Organisatorisch   Fühlend

Teams, die interdisziplinär aufgestellt sind und Teammitglieder mit unterschiedlichen Denkpräferenzen, überzeugen meist mit besseren Resultaten in kürzerer Zeit. Naturgemäß steigt jedoch mit diesem Ansatz – im Gegensatz zu einer Einzelarbeit ohne iterative Abstimmungen – die Komplexität der Zusammenarbeit. Ein paar einfache Regeln helfen, damit Teams von Anfang an mit dieser Komplexität besser zurechtkommen. Am besten legen wir als Team diese Regeln am Anfang zusammen fest.

> **_Empfehlungen für die Zusammenarbeit als Team:_**
>
> - _Eine gemeinsame Vision haben, die das Team erfüllen möchte._
> - _Jeder im Team führt, abhängig von seiner Tiefe an Fachwissen (Vertikale im T), die jeweiligen Methodenstränge._
> - _Das Team bestimmt die Werte, wie zusammengearbeitet wird und wie die Feedbackkultur gelebt wird._
> - _Gegenseitiges Vertrauen und Respekt voneinander helfen, die Erfahrungen und Expertenwissen bestmöglich zu teilen._
> - _Sich auf ein gemeinsames Vorgehensmodell verständigen, sodass jeder weiß, wo das Team im Prozess steht._
> - _Gemeinsame Reflexion von gesammelten Erfahrungen und Abgleich von Erwartungen an sich und andere._

Für das Design von digitalen Innovationen sollte das Team (je nach Aufgabenstellung), insbesondere auch Data Secentisten, Digital Natives, System Thinker und andere Experten aus dem digitalen Umfeld enthalten.

Auf den Punkt gebracht

Interdisziplinäre Teams haben eine höhere Effizienz und Effektivität bei der Lösung von Problemen. Bei der Zusammenstellung hilft:

- heterogene Teams zu formen.
- T-shaped Teammitglieder im Team zu haben.
- dass jeder sein T-shape zeichnet und es mit anderen im Team teilt.
- die Analyse der Heterogenität der Teams in Form von z. B. HBDI Profilen.
- der Mix von Teams mit unterschiedlichen Herangehensweisen, Denkpräferenzen und Hintergrundwissen, um die Kreativität zu fördern.
- das Aufstellen von Regeln für die Zusammenarbeit, die durch das Design Thinking Mindset bestärkt wird.
- Teams zu kreieren die neben Design Thinking z. B. auch ein hohes Verständnis über Big Data Analytics haben (siehe Kapitel 11).

5. Kreative Umgebung

Es ist nicht nur entscheidend, wie die Teams zusammengestellt werden, sondern auch, wo sie sich aufhalten, um zusammenzuarbeiten. Für das Design Thinking wünschen wir uns Räumlichkeiten und eine Umgebung, welche die Kreativität fördert und es uns erlaubt, Ideen und Prototypen zu erstellen, zu testen und damit zu experimentieren.

> Bei der Gestaltung dieser Umgebung geht es im Wesentlichen um vier Elemente: Ort, Menschen, Prozess und die Sinnhaftigkeit der Arbeit.

Diese vier Elemente stehen in einer Wechselbeziehung zueinander. Der Prozess bestimmt sehr stark die Art der Aktivitäten, die wir auszuführen haben. Die Interaktionen von Menschen untereinander haben zudem einen großen Einfluss auf den Projektverlauf und das Ergebnis. Das wohl wichtigste Element ist die Sinnhaftigkeit von dem, was wir tun. Gerade bei der Gestaltung von Lösungen in einer digitalisierten Welt fehlt oftmals noch der Rahmen und die größere Vision, sodass alle zielgerichtet darauf hinarbeiten und ihre Aktivitäten darauf ausrichten können. Dies liegt nicht zuletzt daran, dass die Themen der Digitalisierung komplex sind, radikale und neue Marktpositionen gefordert werden, das bestehende Geschäft meist disruptiert wird oder die angestammte Marktstellung als Intermediär wegzubrechen droht. Diese Überforderung führt oftmals dazu, dass nur vage Aussagen zur Zukunft getroffen werden und klare Strategien fehlen, an denen sich Teams orientieren können.

Der Raum und die Umgebung per se hat natürlich auch einen Einfluss auf die Ausführung unserer Aufgabe und die Qualität der Zusammenarbeit. Es gibt eine Handvoll Empfehlungen, wie die Umgebung aussehen sollte – obwohl es hier natürlich auch sehr unterschiedliche Präferenzen gibt, insbesondere wenn es um Farben oder das Design von Mobiliar geht.

Der Raum beeinflusst unsere Befindlichkeiten und unser Verhalten. Gute Raumkonzepte fördern den informellen Wissensaustausch und prägen die Unternehmenskultur.

Was sich unabhängig vom Raumkonzept meist als zweckdienlich herausgestellt hat und in keinem kreativen Umfeld fehlen sollte, sind:

- *flexibles oder stapelbares Mobiliar wie Tische und Sitzgelegenheiten, die sich bewegen lassen und nicht sperrig sind.*
- *ausreichend Whiteboards und Meta-Wände, um an ihnen Erkenntnisse von Nutzerbefragungen zu präsentieren oder Post-its in Brainstorming-Sitzungen anzubringen.*

- *Material für den Bau von Prototypen. Auch digitale Lösungen können mit einfachsten Mitteln gebaut (z. B. mit Knete, Lego, Schnüre, farbige Papierbögen, Watte, Pfeifenputzer) und so erlebbar gemacht werden. Ebenso sind genügend Schreibmaterial und Post-its bereitstellen.*

- *Flipcharts und ausreichend Papier, um Tische oder Wände als Schreibunterlage zu nutzen oder eine Persona (Abbildung eines Nutzers) lebensgroß zu erstellen.*

- *Software-Werkzeuge wie z. B. Tableau und interaktive Bildschirme für die Exploration und Visualisierung von großen Datenmengen (z. B. bei der Verknüpfung von Big Data und Design Thinking).*

Für Innovationen in einer digitalen Welt ist die Immersion in der jeweiligen Umgebung wichtig, um die Problemstellung zu erkunden und iterativ zu entwickeln. Die Fragen sind, wann und wo die physische und reale Welt verschmelzen, und welche Elemente und Erfahrungen in der Realität stattfinden müssen.

Die besten Arbeits- und Raumumgebungen entstehen, wenn die Teams den Raum und die Umgebung nach ihren eigenen Bedürfnissen gestalten. Welche Aktivitäten sollen im Raum stattfinden? Was benötigen wir, um eine gute Erfahrung für unser Team zu haben? Fragen nach physischen Objekten, wie welche Marke und Farbe von Stühlen und Tischen, sollte erst einmal zweitrangig sein.

Auf den Punkt gebracht

Die Umgebung hat einen großen Einfluss auf unser Wohlbefinden und wie wir zusammenarbeiten. Deshalb sollten wir darauf achten:

- nicht nur den Raum, sondern auch die Arbeitsumgebung zu gestalten.
- nicht nur die Prozesse zu definieren, sondern auch die Sinnhaftigkeit der Arbeit ins Zentrum stellen.
- rollendes und stapelbares Material einzusetzen. Es bietet die größte Flexibilität in der vielfältigen Nutzung von Kreativräumen.
- ausreichend Material für Prototypen sowie Stifte, Post-its und Papier immer parat zu haben.
- für die Inspiration auch die Wände nutzen, um die bisherigen Erkenntnisse gut sichtbar zu zeigen.
- unsere Zusammenarbeit nicht an Orten stattfinden zu lassen, die negative Erinnerungen hervorrufen oder eher langweilig erscheinen.
- Leise Musik im Hintergrund ist ein Element, das zeigt, dass die Arbeit einen anderen Zweck hat.

6. Design Thinking Zyklus

Es gibt verschiedene Vorgehensmodelle, die Design Thinking und dessen Zyklus beschreiben. Dieses Kapitel orientiert sich an dem Modell des HPI in Potsdam für den dargestellten Mikrozyklus. Er hat breite Akzeptanz gefunden und ist in Europa weit verbreitet. Auf die 6 Phasen (Verstehen, Beobachten, Standpunkt definieren, Ideen finden, Prototypen entwickeln und Testen) wird in Kapitel 6.3 eingegangen. Zuvor wird nochmals die Definition der Problemstellung (Kapitel 6.1) vertieft und auf den Design Brief eingegangen. Beide sind die Basis, um die Arbeit im Design Thinking zu starten.

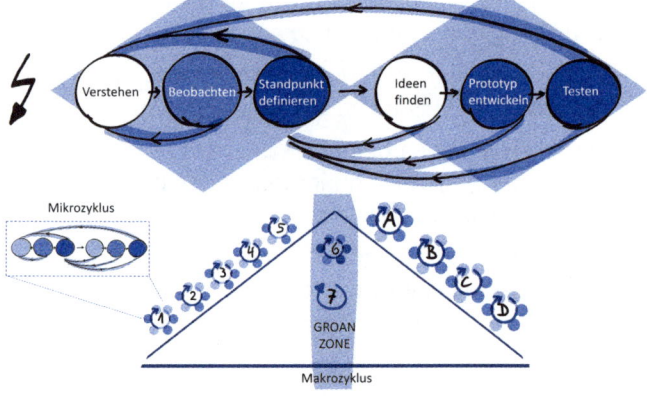

Neben dem Mikrozyklus gibt es einen Makrozyklus, auf den in Kapitel 6.4 eingegangen wird. Der Makrozyklus wird von verschiedenen Einflussfaktoren bestimmt: Komplexität der Problemstellung, Erfolg im Aufspüren der relevanten

Bedürfnisse, Wissenstiefe der Teilnehmer, Kreativität in der Lösungsfindung etc. Die Beschreibung des Makrozyklus orientiert sich an den Modellen von Übernickel, et al. 2016 und Lewrick et al., 2018. Diese haben sich über die Jahre als sehr praktikabel erwiesen und können als Anhaltspunkt dienen. Wichtig ist hervorzuheben, dass der Makrozyklus zwei Denkzustände hat, die in Form eines „Double Diamond" repräsentiert werden.

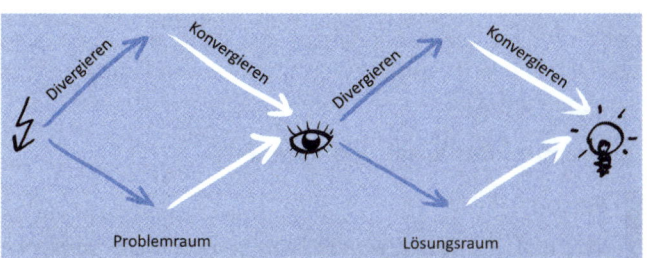

Unabhängig vom gewählten Vorgehensmodell für Design Thinking, haben alle eine Gemeinsamkeit: Am Anfang steht ein Bedürfnis des Nutzers, und am Ende wird eine Lösung für ihn definiert. Das Bedürfnis eines Nutzers wird in Form einer Problemstellung formuliert und die Arbeit erfolgt in Iterationen.

6.1 Problemstellung (Design Challenge)

Die Problemstellung ist die Ausgangslage unserer Überlegungen. Sie definiert den kreativen Rahmen, in dem un-

sere Lösungen gefunden werden sollen. Das gemeinsame Problemverständnis im Team zu entwickeln ist wichtig, um später den Lösungsraum zielgerichtet zu definieren. Dadurch wird Platz für neue Ideen geschaffen, und aus komplexen Problemstellungen werden spannende Design Challenges.

Das folgende Beispiel zeigt, wie wichtig es ist, den kreativen Rahmen festzulegen und mit dem Team zu teilen. Je nach Problemstellung und Auftrag, ist der Rahmen von Anfang an klar festgelegt (z. B. Zielgruppe, bestimmte Technologie etc.), oder wir sind dazu angehalten, den richtigen Level durch Warum- und Wie-Fragen zu ermitteln, worauf im Anschluss eingegangen wird.

Re-Framing des kreativen Rahmens

Beispiel:

Möchten wir das Übergewicht in Europa aktiv reduzieren oder eine spezifische Gruppe an Menschen präventiv zu mehr Bewegung am Tag motivieren?

Es hat sich bewährt, die Problemstellung nach einem bestimmten Schema zu beschreiben. Wollen wir das Problem enger fassen, so können wir zum Beispiel das Alter der Zielgruppe einschränken und/oder uns nur auf Sport bzw. Bewegung konzentrieren. Dadurch schränken wir auch automatisch die Anzahl an möglichen Lösungen ein.

Beispiel für Problemstellung mit einem engen Rahmen:

Wie können wir eine Lösung gestalten, die Teenager im Alter von 13 bis 16 zu 25 Minuten Sport am Tag motiviert?

In unserem einleitenden Beispiel hatten wir noch eine andere Art der Einschränkung gemacht – *„unter Nutzung moderner Informationstechnologie"* – da wir eine digitale Lösung entwickeln wollten. Der kreative Rahmen wäre ohne Einschränkungen sehr weit, und auch die Zielgruppe würde alle Menschen in allen Altersklassen einschließen.

Beispiel für Problemstellung mit weitem Rahmen:

Wie können wir die Motivation der Bevölkerung steigern, sich fit und gesund zu halten?

Ausgehend von einem Problem gibt es noch eine andere gute Methode, wie einleitend schon erwähnt, um den kreativen Rahmen weiter oder enger zu fassen.

Wir erweitern den kreativen Rahmen, indem wir mehrmals „Warum" fragen, und wir verkleinern den kreativen Rahmen, indem wir mehrmals „Wie" fragen.

Beispiel für „Warum-Fragen":

Nehmen wir unser Beispiel „Abnehmen" und fragen initial mehrmals WARUM:

Warum wollen Menschen abnehmen?

➜ *mögliche Antwort: Um attraktiv zu wirken*

Warum wollen Menschen attraktiv sein?

➜ *mögliche Antwort: Um einen Lebenspartner zu finden*

Warum möchten Menschen eine Beziehung?

➜ *mögliche Antwort: Um eine Familie zu gründen*

Beispiel für „Wie-Fragen":

Die gleiche Systematik wie bei WARUM, jetzt aber, um den Rahmen einzuengen, mit mehrfachen Fragen nach dem WIE:

Wie kann abgenommen werden?

➜ *mögliche Antwort: tägliche Bewegung*

Wie motivieren wir uns zu täglicher Bewegung?

➜ *mögliche Antwort: Personal Trainer*

Wie interagiert der Personal Trainer mit uns?

➜ *mögliche Antwort: als Avatar auf der Smartwatch*

Wir kommen mit Warum-Fragen schnell an die Grenzen des Möglichen, da, wie gerade gesehen, z. B. eine Struktur für eine Familie kaum zu designen ist und wir uns auch nicht zurück zu „Zwangsehen", als Lösung, entwickeln möchten.

Mit Wie-Fragen grenzen wir die Möglichkeiten ein. Spätestens auf der Stufe „Avatar als Personal-Trainer" sind wir bei einer digitalen Lösung gelandet, die sich auf Bewegung fokussiert, aber auch nur noch sehr wenig Spielraum für neue Ideen gibt.

> Wir sollten generell eine Problemstellung wählen, bei der wir tendenziell eher unsere Komfortzone verlassen. Bei zu engen Problemstellungen gibt es meist nur noch Potenzial, einzelne Funktionen zu (re-)designen. **!**

6.2 Design Brief

Der Design Brief (Kurzprofil des Projekts) ist ein gutes Inst-
rument, um die Erwartungshaltung an die Design Teams zu
kommunizieren. Ein Design Brief sollte einige Kernfragen,
neben der Beschreibung der bereits dargestellten Problemstellung, enthalten. Es ist der dokumentierte Arbeitsauftrag
an das Team.

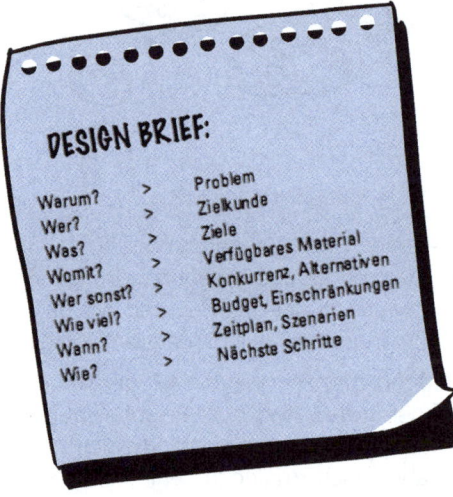

Das Erstellen eines guten Design Briefs kann bereits
als ein kleines Design Thinking Projekt in sich selbst
ablaufen. Die Design Teams sind unsere Kunden, und
wir wollen ihnen die Aufgabe klar und eindeutig kommunizieren.

6.3 Mikrozyklus

Innerhalb des Makrozyklus durchlaufen wir jeweils mehrmals den Mikrozyklus bzw. reichern mit jeder Iteration unsere Erkenntnisse an. Für die Phasen „Verstehen", „Beobachten", „Standpunkt definieren", „Ideen finden", „Prototypen entwickeln und testen" gibt es verschiedene Werkzeuge und Methoden, die uns beim Erkenntnisgewinn unterstützen.

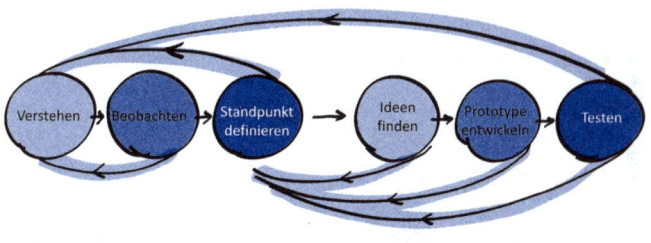

Im Folgenden gehen wir auf die einzelnen Phasen, mit ihren wichtigsten Methoden und Werkzeugen, ein.

6.3.1 Verstehen

In der ersten Phase des Mikrozyklus möchten wir mehr über den potenziellen Nutzer, seine Wünsche und Aufgaben erfahren, die er zu erledigen hat. Zugleich schärfen wir den kreativen Rahmen, für den wir Lösungen gestalten möchten. In unserem einführenden Beispiel haben wir diesen Rahmen mit „WARUM-" und „WIE-Fragen" weiter geöffnet bzw. eingeengt. So wurde die Design Challenge formuliert.

Da wir mehr über unseren Nutzer erfahren möchten, ist es unabdingbar, mit diesem Empathie aufzubauen. Hierzu

nutzen wir Methoden wie die Empathie-Map, Personas oder auch die 6-W-Fragen. Alle weiteren Phasen tragen dazu bei, dass wir sukzessive mehr über unseren potenziellen Nutzer erfahren.

Empathie-Map

Empathie-Map als Methode hat das Ziel, das Verhalten von Nutzern mit den verschiedenen Sinnen zu dokumentieren – so z. B. wie denkt, fühlt, hört, sieht und reagiert der potenzielle Nutzer?

- *Was denkt und fühlt der Nutzer/Kunde?*
- *Was hört der Nutzer/Kunde?*
- *Was sagt der Kunde/Nutzer?*
- *Was sieht der Kunde/Nutzer?*

Ergänzend zur Empathie-Map kann der potenzielle Nutzer anhand einer Persona beschrieben werden. Es hat sich über die Jahre als nützlich erwiesen, die Persona in Lebensgröße zu zeichnen und mit Accessoires aus Magazinen und Zeitungen authentisch zu machen. Dieses Vorgehen hilft, die Persona so realistisch und authentisch wie möglich zu gestalten. Wir definieren das Alter, Geschlecht, Einkommen, Werte, Lust (Gains), Frust (Pains) und die zu erfüllende Aufgabe (auch als „Job-to-be-done" bezeichnet). Beim „Job-to-be-done" geht es darum, tiefer in die Situation einzutauchen. Wir möchten herausfinden, was der Auslöser für ein Handeln ist und den Prozess hinter einzelnen Aufgaben bestmöglich verstehen.

Wenn wir inital eine Persona erstellen basieren unsere Schlussfolgerungen auf Aufnahmen, Erfahrungen und un-

serer subjektiven Wahrnehmung, wie sich ein potenzieller Nutzer wohl verhalten sollte. Das Bild über den potenziellen Nutzer wird sich erst in den späteren Phasen schärfen (z. B. im Rahmen eines Erkenntnisgewinns durch Beobachtung).

Die Persona kann natürlich auch erst später im Rahmen der Standpunktdefinition erstellt werden. Eine Persona in der frühen Phase zu erstellen hilft jedoch, sich besser in den Nutzer hineinzufinden, da die Teams sich mit der Person auseinandersetzen müssen und von Anfang an einen potenziellen Nutzer in den Mittelpunkt stellen.

Persona

Eine Persona ist eine Methode, um einen fiktiven Nutzer mit seinen individuellen Eigenschaften, Wünschen und Aufgaben darzustellen. Die Persona steht stellvertretend für die Mitglieder einer realen Fokusgruppe für unsere Problemlösung. Menschen in dieser Gruppe sind die potenziellen Nutzer unserer Produkte, Services, Applikationen oder Notifikationen, die wir gestalten. Bei der Persona-Erstellung kann zum Beispiel ein „User Profile Canvas" sehr hilfreich sein.

User Profile Canvas

Der User Profile Canvas (Lewrick et al., 2018) führt uns mit den wichtigsten Fragen durch diese Phase des Verstehens.

Infos und Fragen über die Persona

1. Beschreibung von Alter, Geschlecht, Wohnort, Familienstand, Hobbys, Freizeit, Ausbildung, Position im Unternehmen, soziales Umfeld, Sinus-Milieu, Denkweise

2. Jobs-to-be-done
   - Welche Aufgabenerfüllung wird mit dem Produkt unterstützt?
   - Welches sind die Ziele?
   - Warum macht das Sinn?

3. Use Cases
   - Wie und wo wird das Produkt durch wen genutzt?
   - Was passiert vor und nach der Nutzung?

> – *Wo informiert sich der Kunde?*
> – *Wie gestaltet sich der Kaufprozess?*
> – *Wer beeinflusst die Entscheidung?*

4. *Gains*
   > – *Inwiefern machen die aktuellen Produkte den Kunden glücklich?*

5. *Pains*
   > – *Was verursacht mit den aktuellen Produkten ein schlechtes Gefühl bei Kunden?*
   > – *Welche Sorgen hat der Nutzer?*

Eine weitere Möglichkeit, mehr über die Bedürfnisse herauszufinden, sind W-Fragen. Besonders in den ersten Phasen (Verstehen, Beobachten und Standpunkt definieren) können sie uns immer wieder wertvolle Erkenntnisse bringen. Zudem helfen W-Fragen, die bereits gesammelten Informationen zu analysieren und zu hinterfragen.

6-W-Fragen

Die 6 W-Fragen-Methode vertieft das Was, Wer, Warum, Wo, Wann und Wie. Diese Fragen helfen, in der divergierenden Phase eine tiefgehende Einsicht zu erhalten.

WAS	*Was ist das Problem?*
	Was sind die zugrundeliegenden Annahmen?
WER	*Wer ist beteiligt?*
	Wer ist von der Situation betroffen?
WARUM	*Warum ist das Problem wichtig?*
	Warum wurde es noch nicht gelöst?

WO	Wo tritt das Problem auf?
	Wo wurde es schon mal gelöst?
WANN	Wann hat das Problem begonnen?
	Wann möchte man Ergebnisse sehen?
WIE	Wie könnte sich das Problem zur Chance wandeln?
	Wie ist bereits versucht worden, das Problem zu lösen?

Generell sind alle W-Fragen gut, um in der divergierenden Phase eine grundlegende Übersicht und tiefgreifende Einsichten zu erhalten. Sie helfen uns, das Problem oder die Situation zu erfassen.

6.3.2 Beobachten

Nur die Realität zeigt, ob unsere Annahmen (z. B. dargestellt in einer Persona) sich bestätigen, und deshalb müssen wir uns dorthin begeben, wo sich unsere potenziellen Nutzer aufhalten. Wir möchten so nah wie möglich an den Erfahrungen und Erlebnissen von unserem Nutzer teilhaben: „Laufe in den Schuhen des Nutzers", lautet eine Redewendung.

Wir beobachten, ergründen seine wahren Bedürfnisse und überprüfen unsere Annahmen. In den meisten Fällen müssen wir uns eingestehen, dass unsere Nutzer ganz andere Wünsche haben und die getroffenen Annahmen falsch waren.

Bei der Beobachtung von Nutzern im realen Umfeld bzw. im Kontext des Problems helfen uns einfache Werkzeuge wie AEIOU, das uns ein Raster für die Beobachtung gibt.

AEIOU

Die AEIOU-Methode fasst die fünf wichtigsten Elemente zusammen, auf die wir uns in der Beobachtung fokussieren sollten:

ACTION   *Was machen die Personen?*

                Welche Aktivitäten führen sie aus?

ENVIRONMENT   *Wie sieht das Umfeld aus?*

                Was ist die Funktion des Raums?

INTERACTION	Wie agieren die Systeme miteinander?
	Gibt es Schnittstellen?
OBJECT	Was für Gegenstände und Devices kommen zum Einsatz?
	Wer benutzt die Gegenstände?
USER	Wer sind die primären Nutzer?
	Welche Rolle nehmen die Benutzer ein?

Die Beobachtung wird über den später beschriebenen Makrozyklus zunehmend wichtiger. Besonders in späteren Iterationen wird der Nutzer mit Funktionen, einfachen Prototypen bis hin zum finalen Prototypen konfrontiert, und jede Interaktion bringt neue Erkenntnisse hervor.

> Die Erkenntnisse helfen uns jeweils für die nächste Phase, d. h. die Persona und den Standpunkt zu entwickeln bzw. zu verbessern. Wenn wir mit potenziellen Nutzern sprechen, um mehr über ihre Bedürfnisse zu erfahren, sollten wir möglichst offene Fragen stellen und mit einer Fragenlandkarte arbeiten. Ein strukturierter Interviewleitfaden ist eher ungeeignet.

Es braucht etwas mehr Mut, offene Fragen zu stellen, aber am Ende werden wir meist mit besseren Erkenntnissen belohnt. Am besten sprechen wir mit dem Nutzer in seiner Umgebung und halten uns dort auf, wo er für gewöhnlich auch anzutreffen ist.

Offene Fragen

Mit offenen Fragen können wir z. B. etwas über die Zukunft erfahren, die sich ein Nutzer wünscht. Oder wir fragen ihn nach Beispielen von Situationen, um bessere Erkenntnisse zu erhalten

Zukunft vorstellen: *Wie wird die Welt in 2030 damit umgehen?* ➔ *Was wäre, wenn es heute schon so wäre… oder alles digital wäre?*

Beispiele erkunden: *Welche App ist einfach und intuitiv zu bedienen? Was wäre wenn Element X digitalisiert wäre?*

Prozess vergleichen: *Was kaufst du im Bio-Supermarkt und was im Discounter?*

Aktiv hinterfragen: *Du sagst es sei schwierig. Was genau ist schwierig daran?*

Das Lernen und Ergründen kann jedoch auch direkt in der digitalen Umgebung stattfinden. Digitale Interaktionen, Systeme, und Daten lassen sich ebenfalls analysieren (siehe Kapitel 11)

!

6.3.3 Standpunkt definieren

Die gesammelten Erkenntnisse werden ausgewertet, interpretiert, gewichtet und fließen schlussendlich in die Ergebnissynthese (= Standpunkt). Für die Darstellung der Erkenntnisse gibt es Methoden wie Ereignis- und Erlebnisketten, Storyboards oder das Hook Framework.

Kundenerlebniskette

*Ereignis- und Erlebnisketten als Methode helfen die Erkennt-
nisse in eine zeitliche Abfolge zu bringen, wie z.B. in eine
Form von „informieren, bestellen, liefern, installieren, nutzen, retournieren etc." Dies kann in der Abfolge auf verschiedenen Ebenen betrachtet werden:*

- *Was sind die Haupthandlungen?*
- *Was passiert bei diesem Schritt?*
- *Welches sind die Touchpoints mit dem Nutzer/Kunden?*
- *Wie fühlt sich der Kunde/Nutzer in der Interaktion?*

Storyboard

*Storyboard als Methode bedient sich der Tatsache, dass
Geschichten und Bilder Erkenntnisse besser transportieren
als Worte und Text. Sogenannte Storyboards zeigen die
wichtigsten Handlungen auf. So können wir z.B. darstellen,
wie die Interaktion von einem Nutzer und seinem Smartphone beim Erhalt einer Notifikation ist, um sich z.B. mit einer
Sport-Partnerin zu verabreden.*

Andere Frameworks konzentrieren sich auf die Gewohnheiten von Nutzern. Ziel ist es herauszufinden, wie der Nutzer tief mit einer Applikation verankert werden kann.

HOOK

Hook Framework als Methode fokussiert sich auf die Gewohnheiten von Nutzern. Insbesondere bei digitalen Angeboten und Dienstleistungen ist es wichtig, dass für den Nutzer die Interaktion zur Gewohnheit wird. Das Hook Framework basiert auf vier zentralen Komponenten und untersucht und dokumentiert: Auslöser für ein Handeln (intern und extern), Aktionen, Belohnung und Investition.

Auslöser (intern & extern)

- *Was will der Nutzer und wie können wir ihn effektiver machen?*
- *Was sind die zutreffenden Auslöser einer Handlung für die jeweilige verschiedenen Persona/Zielgruppe?*

Aktionen

- *Was ist die einfachste Aktion, die unser Nutzer ausführen muss, um belohnt zu werden?*

Angepasste Belohnung

- *Wie wird der Nutzer belohnt?*

Investition

- *Wie setzt unsere Persona die nächste Aktion frei (Investment von Wissen oder die Entwicklung einer Präferenz für ein bestimmtes Handeln)?*

Für Auswertung, Interpretation und Gewichtung der Informationen können auch andere Methoden genutzt werden. Diese reichen von Fotowänden bis hin zu einem Venn-Diagramm oder einer Vier-Quadranten-Matrix für die Einteilung der Erkenntnisse in logische Gruppierungen.

Der zu definierende Standpunkt aufgrund der Erkenntnisse ist zentral, da wir dadurch ein besseres Bild von unserer Persona und einen geschärften Blickwinkel auf das Problem erhalten. Diese Phase dient vor allem auch dazu, dass das Team ein gutes gemeinsames Verständnis über das Problem und die Bedürfnisse der Nutzer erlangt. Der Standpunkt wird in der Regel in einem Satz formuliert.

Schema für Standpunkt

Standpunkt formulieren in einem Satz, zum Beispiel nach dem folgenden Schema:

*Name des Nutzers / Persona: (Wer)*_____

*benötigt: (Was wird benötigt)*_____

um: (sein Bedürfnis) _____

da: (Einblick / Erkenntnis) _____

Die Phasen Verstehen, Beobachten und Standpunkt definieren sind als eine Einheit zu verstehen und helfen uns in der Reflexion und Interpretation der Erkenntnisse. Wir graben tiefer, schauen hinter die Kulissen und ergründen die wahren Bedürfnisse.

6.3.4 Ideen finden

Nachdem der Standpunkt definiert wurde, erfolgt die Phase Ideen finden. Die Ideenfindung dient dazu, Lösungen für unser Problem zu finden. Üblicherweise werden hierfür unterschiedliche Ausprägungen des Brainstormings oder

spezifische Kreativitätstechniken angewandt. Verschiedene Fragestellungen erlauben es zudem, die Kreativität im Brainstorming entsprechend zu erhöhen.

Die meisten von uns haben schon mal ein Brainstorming durchgeführt. Dennoch empfiehlt es sich, die Grundregeln des Brainstormings nochmals zu verinnerlichen und zu verstehen, wie es am besten zur Anwendung kommt, um den kreativen Prozess zu stimulieren.

Brainstorming

Brainstorming als Methode hat das Ziel, in relativ kurzer Zeit möglichst viele Ideen zu produzieren. Hierbei ist wichtig:

- *visuell zu arbeiten: einfache Skizzen oder einen kurzen prägnanten Satz/Schlagwort auf ein Post-it zu schreiben.*
- *Kritik zurückstellen: Es gibt beim Brainstorming keine schlechten Ideen. Jede Eingabe kann die Inspiration für neue Ideen sein.*
- *auf Ideen von anderen aufzubauen: im Brainstorming-Prozess aktiv die Sätze mit „UND" beginnen und Sätze mit „ABER" vermeiden.*
- *Quantität für Qualität: Es sollen möglichst viele Ideen entstehen.*
- *Alle im Team partizipieren: Alle machen mit und dürfen unabhängig von ihrer Stellung in der Gruppe Ideen einbringen.*
- *Spaß zu haben: Es darf gelacht und auch verrückte und absurde Gedanken geäußert werden.*

Neben dem Brainstorming gibt es natürlich noch unzählige andere Kreativitätsmethoden. Eine Weiterentwicklung der

Osborn Checkliste ist z. B. SCAMPER, die es erlaubt auch spezifische Fragen in Bezug auf die Digitalisierung zu stellen (siehe Beispiele)

SCAMPER

Substitute, Combine, Adapt, Modify, Put into other use, Eliminate, Rearrange: Ausgehend von einer bestehenden Idee oder Lösung wird hinterfragt, inwieweit die einzelnen „Aufforderungen" zu neuen Ideen führen.

Substitute / Ersetzen

- *Was kann man ersetzen? (z. B. Physisch vs. Digital)*

Combine / Kombinieren

- *Was kann kombiniert werden? (z. B. Notifikation)*

Adapt / Anpassen & Angleichen

- *Welche Ideen suggeriert das? (z. B. autom. Messung)*

Modify / Modifizieren

- *Welche Veränderung könnte man einführen? (z. B. peer-to-peer Übertragung von digitalen Rechten)*

Put to other uses / Anders einsetzen

- *Wofür könnte es im jetzigen Zustand noch eingesetzt werden? (Nutzung der Daten für Gesundheitssystem)*

Eliminate / Weglassen

- *Was könnte man weglassen? (z. B. nur eine Kennzahl die den Fitnesslevel visualisiert)*

Rearrange / Neu anordnen

- *Welche anderen Muster würden auch funktionieren? (z. B. Prüfung von Info, am Anfang vom Prozess, statt am Ende*

In den einzelnen Brainstorming- und Kreativitätsphasen werden jeweils unzählige Ideen generiert. Diese zu clustern und priorisieren erscheint als Mammutaufgabe. Verschiedene Ansätze helfen, die Ideenflut in eine Struktur zu bringen.

IDEEN clustern

Eine einfache Gruppierung kann nach Themen erfolgen:

1. *Passt zur Frage*
2. *Spannende Ideen*
3. *Out-of-Scope*

Zudem können wir Ideen auch in den Kontext ihrer Relevanz für die Zukunft bringen.

1. *Heute relevant*
2. *In den nächsten 2 Jahren relevant*
3. *Erst in 5 oder mehr Jahren relevant*

Andererseits können wir Ideen auch priorisieren bzw. verwerfen, indem wir definierte Kriterien anwenden

1. *Einfachheit in der Realisierung*
2. *Größe der Zielgruppe, für die die Idee Relevanz hat*
3. *Vorhandene Fähigkeiten, die Idee zu realisieren*

Falls das Clustering noch keine Eindeutigkeit gebracht hat, können für die Auswahl von Ideen noch andere Vorgehensweisen angewandt werden.

IDEEN auswählen

1. Auswahl mit Klebepunkten

Verteilung von Klebepunkten an Teilnehmer. Jeder Teilnehmer kann z. B. drei Punkte verteilen. Die Ideen mit den meisten Punkten werden weiterverfolgt.

2. Vergleichen anhand von Stärken und Schwächen
Jede Idee wird auf ihre Schwachstellen untersucht. Dann verworfen oder verbessert.

3. Reflektion der Ideen mit größerer Vision des Vorhabens
Falls wir eine größere Vision verfolgen, sollten wir prüfen, ob die Ideen in unsere größere Vision einzahlen oder ggf. nicht in den gesetzten Leitplanken sind, die uns im Design Brief mitgeteilt wurden.

Die jeweiligen Ideencluster und priorisierten Ideen helfen uns, fokussiert in die nächste Phase zu gehen. Je nach Ideenbreite, Anzahl und Ressourcen entwickeln wir einzelne Ideen oder ganze Themencluster weiter, die zu Prototypen werden.

6.3.5 Prototypen entwickeln

Der Bau von Prototypen hilft, unsere Ideen oder Lösungsansätze schnell und ohne Risiko mit unseren potenziellen Nutzern zu testen. Insbesondere digitale Lösungen können mit einfachen Papier-Prototypen oder Mock-ups prototypisiert werden.

Die Hilfsmittel sind denkbar einfach: Bastelmaterial, Papier, Alufolie, Schnüre, Kleber und Tesafilm reichen oft aus, um unsere Ideen fassbar und erlebbar zu machen. Ergänzt werden die Prototypen durch Rollenspiele, die die Interaktion erlebbar machen.

Wie bereits in der vorherigen Phase beschrieben, ist die Ideenfindung, das Bauen und Testen jeweils eine Iterations-schlaufe.

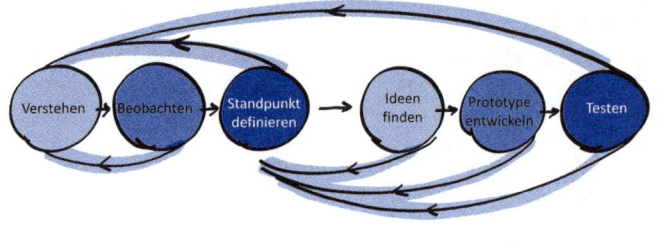

Es gibt sehr viele verschiedene Arten von Prototypen. Im Umfeld von digitalen Ideen und Innovationen sind beson-ders Skizzen, Mock-ups, Storytelling, Storyboards, Open Hardware (HW) Plattformen, Pinocchio, Minimum Viable Products (MVPs) und Minimum Viable Ecosystems (MVEs) etc. gut geeignet. Eine Auswahl an Prototypen ist in der fol-genden Tabelle exemplarisch (Lewrick et. al, 2018:111) und im weiteren Verlauf am Beispiel MVP vertieft beschrieben.

> **!** Es ist kein Widerspruch mit Papier und Karton eine digitale Lösung zu gestalten. Es geht am Anfang vor allem diese Prototypen schnell und mit wenig Aufwand zu erstellen. Die Prototypen werden über die Zeit hoch-auflösender und funktionaler.

Art	Beschreibung	Geeignet für / Beispiele
Skizze	Papier oder digital, skizziert oder gekritzelt, auf Flipchart oder kleineren Papiergrößen	Praktisch alles
Mock-up	Zeigt den Gesamteindruck eines Systems, ohne notwendigerweise zu funktionieren.	Produkte, digital oder physisch
Wireframe	Früher konzeptioneller Entwurf eines Systems. Zeigt funktionale Aspekte und die Anordnung von Elementen auf.	Webseiten
Papier	Bau oder Anreicherung von Objekten und Produkten mit Papier oder Karton.	Produkte, digital oder physisch Möbel, Accessoires
Storytelling	Kommunizieren oder Präsentieren von Abfolgen und Geschichten.	Erlebnisse
Storyboards	Die end-to-end Customer Journey einer Serie von Bildern oder Skizzen aufzeigen. Kann auch als Grundlage für ein Video verwendet werden.	Erlebnisse
Open HW Plattformen	Analoge und digitale Schnittstellen für die Kombination mit Motoren und Sensoren.	Elektromechanische Systeme

Art	Beschreibung	Geeignet für / Beispiele
Foto	Fotomontage für die simulierte Darstellung einer Situation unter Einsatz von Bildbearbeitungs-Software.	Produkte, digital oder physisch Erlebnisse
Physisches Modell	Zeigt eine zweidimensionale Idee in drei Dimensionen auf. Kann in Form eines 3D-Drucks erfolgen, aber auch anhand anderer Materialien, wie beispielsweise Lego, erbaut werden.	Produkte, Räume und Umgebungen
Pinocchio	Rudimentäre, nicht funktionierende Version eines Produkts.	Palm Pilot (Personal Digital Assistant)
Minimum Viable Product (MVP)	Lauffähige Version eines Systems oder einer Version, nur mit den allernotwendigsten Funktionen versehen.	Digitale Produkte, Software

Das Minimum Viabale Product (MVP) wird häufig für Prototypen eingesetzt.

MVP

Ziel eines MVP ist es, die wichtigsten Funktionen eines Angebots mit dem Nutzer in der reallen Welt zu testen.

Dieser „Lean-Ansatz" lässt bewusst alle unnötigen Funktionen weg. Das spart Zeit, Geld und Entwicklungsressourcen.

> Der Kunde soll in einer frühen Phase Feedback geben, welches unmittelbar genutzt wird, um den MVP zu erweitern oder entsprechend zu verbessern. Im Beispiel (unten) sind mögliche MVPs zum Thema Fortbewegung dargestellt. Einzelne Elemente werden gebaut, getestet und iterativ verbessert.
>
> Der Vorteil ist, dass das Risiko für einen Marktflop minimiert wird und die Time-to-Market beschleunigt wird.

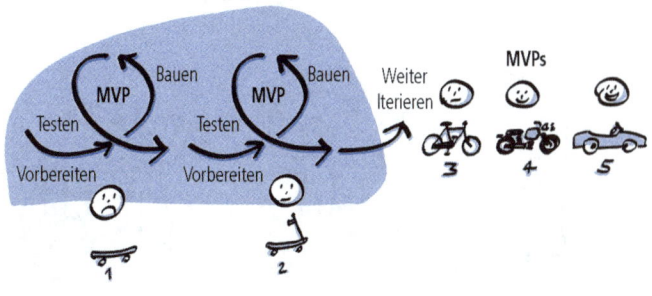

6.3.6 Prototypen testen

Die Testphase kommt nach jedem gebauten Prototyp bzw. einzelner Funktionen (z. B. Mock-up, Storyboad, MVP etc.) oder Ausprägungen. Wichtig ist beim Testen, dass eine Interaktion mit dem potenziellen Nutzer stattfindet. Neben dem klassischen Test ist es möglich, heutzutage digitale Lösungen zum Testen einzusetzen (z. B. Online Tools für A/B Tests). So können Prototypen oder einzelne Funktionalitäten schnell und mit einer großen Anzahl an Nutzern getestet werden.

! Aus der Phase „Testen" erhalten wir meist qualitatives Feedback, das uns hilft, unsere Prototypen zu verbessern. Wir sollten so lange aus den Ideen lernen und diese weiterentwickeln, bis wir die Nutzer mit der Idee vollständig überzeugen. Ansonsten: verwerfen oder verändern.

Der zentrale Leitspruch im Design Thinking ist:

Love it !   Leave it !   Change it !

Oft ist es frustrierend, wenn die Ideen keinen Anklang bei Nutzern finden, aber dieses frühe Scheitern ist zentral, um am Ende des Zyklus mit überzeugenden Lösungen zu brillieren.

Planung TEST

Für das Testen von Prototypen ist wichtig, sich vor dem Test Gedanken zu machen, was wir mit dem Test erreichen möchten.

1) *Was wollen wir lernen?*
2) *Ist der Prototyp intuitiv und beobachten wir nur, oder wollen wir bewusst Fragen stellen?*
3) *Mit wie vielen potenziellen Nutzern möchten wir testen?*

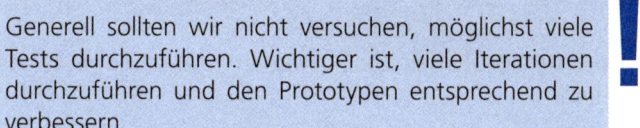

Generell sollten wir nicht versuchen, möglichst viele Tests durchzuführen. Wichtiger ist, viele Iterationen durchzuführen und den Prototypen entsprechend zu verbessern.

Wichtig ist, die Resultate aus dem Testen festzuhalten, zu dokumentieren und mit unseren Teammitgliedern zu teilen. Hier hilft z. B. das Feedback-Capture-Grid, welches bereits bei der einleitenden Übung (Schritt 9) zum Einsatz kam.

6.4 Makrozyklus

In vielen Design Thinking Büchern wird oftmals nur auf den zuvor beschriebenen Mikrozyklus eingegangen und die sechs Phasen auf den Problem- und Lösungsraum im „Double Diamond", übertragen. Für ein besseres Gesamtverständnis macht es Sinn, auch den Makroprozess zu betrachten. Nicht zuletzt, weil der jeweilige Übergang von einer divergierenden zu einer konvergierenden Phase von den meisten Design Thinking Teams, als die größte Herausforderung wahrgenommen wird. Im Abschnitt 6.4.1 wird das Divergieren und Konvergieren anhand des Makrozyklus erklärt und mit geeigneten Methoden und Werkzeugen untermauert.

! Innovationsprofis haben über die Jahre ein Bauchgefühl entwickelt, das sie bei der Entscheidung im Übergang von einer divergierenden zu einer konvergierenden Phase unterstützt. Dieser Übergang kann auch als „Groan Zone" bezeichnet werden.

Tipps für die „Groan Zone" werden in Abschnitt 6.4.2 gegeben.

6.4.1 Divergieren und Konvergieren

Am besten lassen sich die divergierende und konvergierende Phase über die Zeit darstellen. Beide, der Problem- und der Lösungsraum, können mit Hilfe des divergenten und konvergenten Denkens ergründet werden.

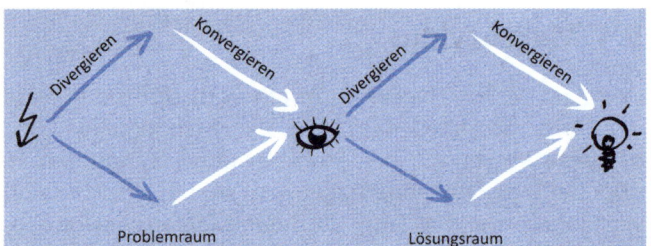

Divergieren beschreibt den Zustand in dem die verschiedenen Probleme adressiert, als auch viele Ideen für Lösungen gesucht werden. Das konvergente Denken beschreibt den Fokus, indem die Informationen, Ideen und Möglichkeiten verdichtet und geclustert werden. Dies geschieht z. B. mit

dem Bau von Prototypen, die über die Zeit an Maturität gewinnen.

> Im Problem- und Lösungsraum wird jeweils iterativ vor-
> gegangen (siehe Mikroprozess). Ständig werden die
> bisherigen Erkenntnisse hinterfragt, mit neuen Erkennt-
> nissen angereichert und abgeglichen.

Für den Makrozyklus gibt es verschiedene Wege, um an das Ziel zu kommen. Die folgende Abfolge an verschiedenen Methoden und Brainstorming-Fragen, die wiederum jeweils zu Prototypen mit höheren Maturitätsstufen führen, hat sich jedoch in vielen Workshops bewährt und soll als Anhaltspunkt dienen.

Auf den folgenden Seiten beschreiben wir zuerst, die im Schaubild dargestellten Phasen 1 bis 5, die einen divergierenden Charakter haben. Wenn das Team umfassende Markt- und Problemkenntnis hat, kann der Übergang in die „Groan Zone" (Phase 6) sehr schnell erfolgen (z. B. bereits nachdem die Funktionen definert wurden). Es ist wichtig zu erwähnen, dass der Übergang in die „Groan Zone" von jedem der fünf divergierenden Schritte erfolgen kann. In Abschnitt 6.4.3 wird auf die Phasen A bis D eingegangen.

Die Reihenfolge der zu erarbeitenden Ideen kann bzw. muss der Situation und dem Projekt angepasst werden. In der „Groan Zone" wird die Vision der Lösung bzw. der Idee in Form eines Vision Prototype (Schritt 7) konkretisiert und mit verschiedenen Nutzern getestet. Wenn die Vision grundsätzlich auf positives Feedback stößt, wird sie in den nachfolgenden Iterationen konkretisiert.

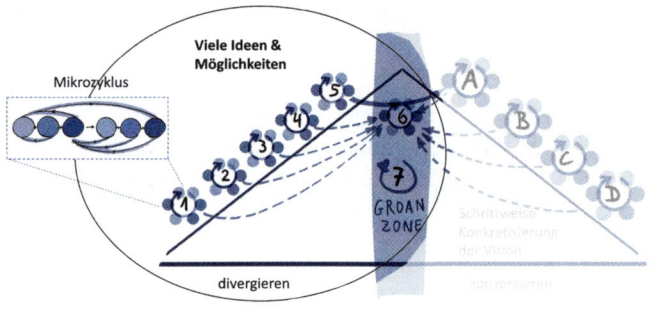

Welche Methoden und Fragen relevant sind, um z.B. das Brainstorming in die richtige Richtung zu lenken, ist abhängig von der Problemstellung und vom gesteckten kreativen Rahmen.

> **!** Jedoch sollte ein initiales Brainstorming so offen wie möglich gestaltet werden. Oft sind die Kenntnisse im Team in Bezug auf die Problemstellung und ein mögliches Lösungsspektrum unterschiedlich und so hilft es, sich als Gruppe den Aufgaben anzunähern und zu lernen, in welche Richtung die anderen in der Gruppe denken.

Phase 1: Erste Ideen

Kernfragen für offenes Brainstorming:

- *Welche Ideen fallen uns spontan ein?*
- *Welche Lösungsansätze verfolgen die anderen?*
- *Was können wir anders machen?*

> • *Haben wir dasselbe Verständnis der Problemstellung?*
>
> *Bsp.: Spinning-Bike kombiniert mit Fernseher, der nur mit Strom versorgt wird, wenn genügend Watt erzeugt werden.*

Nachdem die ersten Ideen festgehalten wurden, kann etwas zielgerichteter vorgegangen werden. Besonders bei digitalen Lösungen empfiehlt es sich, sich mit den kritischen Funktionalitäten und Erfahrungen auseinanderzusetzen. Es geht darum, die wichtigen Dinge herauszuarbeiten und diese in eine Rangfolge zu bringen. In vielen Fällen werden sich 1 bis 3 kritische Funktionalitäten später in einem MVP bzw. in einem finalen Prototyp wiederfinden, da diese eine hohe Relevanz für den Nutzer haben.

> ### Phase 2: Kritische Funktionalitäten
>
> *Kernfragen für die Exploration von >10 Funktionalitäten:*
>
> • *Welche Funktionalitäten sind zwingend notwendig?*
> • *Welche Erfahrung ist für den Nutzer zwingend notwendig?*
> • *Wie ist die Beziehung zwischen der Funktion und der Erfahrung?*
>
> *Bsp.: Smartwatch mit Funktionen wie Puls messen, Notifikation zum Wasser trinken oder Funktion, um Sport-Dates bzw. Dates, bei denen gesund gegessen wird zu organisieren etc.*

Es ist an dieser Stelle wichtig nochmals zu erwähnen, dass die Phase der Ideenfindung unmittelbar mit den noch folgenden Phasen einhergeht, in denen Proto-

typen gebaut und anschließend getestet werden. So sollten die jeweiligen kritischen Funktionalitäten ebenfalls gebaut oder visualisiert werden, nachdem die Ideen für kritische Funktionen geclustert und strukturiert wurden.

Eine weitere Variante ist das Einbeziehen von Analogien, sog. Benchmarks, die helfen, eingefahrene Denkmuster von Teams zu durchbrechen. Ziel ist es, über den Tellerrand zu blicken und Ideen aus anderen Bereichen für die Problemlösung zu adaptieren.

Phase 3: Benchmark (Analogien)

Es kann z. B. in zwei Schritten vorgegangen werden:

a) Brainstorming von Ideen zum eigentlichen Problem.

b) Brainstorming von Branchen und/oder Erlebnissen, die außerhalb von unserem Thema sind.

Im Anschluss werden die drei besten Ideen je Schritt identifiziert. Aus der Kombination werden dann zwei bis drei Ideen weiterentwickelt, physisch gebaut und mit einem potenziellen Nutzer getestet.

Kernfragen:

- *Welche erfolgreichen Konzepte und Erfahrungen (z. B. aus anderen Industrien oder Bereichen) lassen sich auf das Problem anwenden?*

- *Welche Erfahrungen können das Problem aus einer anderen Perspektive beleuchten?*

- *Wie ist die Beziehung zwischen dem Problem und anderen Erfahrungen?*

> *Bsp.: Was können wir von politischen Bewegungen lernen? Wie werden wir im All-Inclusive Urlaub motiviert, beim Pool-Tanz die Hüften zu schwingen?*

Eine andere, sehr beliebte, Methode ist die Suche nach dem sog. „Dark Horse". Das Ziel ist, die Kreativität nochmals zu steigern. Im „Dark Horse" werden die Grenzen aufgehoben, die in den vorherigen Schritten vielleicht limitierend gewirkt haben. Es geht darum, den maximalen Erfolg anzustreben und so eine radikale Idee zu entwickeln. Hierbei wird bewusst auch das maximale Risiko in einer potenziellen Lösung akzeptiert. So kann z. B. ein wesentliches Element der Problemstellung weggelassen werden.

Phase 4: Dark Horse

Kernfragen:

- *Welche radikalen Möglichkeiten wurden bislang nicht betrachtet?*
- *Welche Erfahrungen liegen außerhalb des Vorstellbaren?*
- *Gibt es Produkte und Dienstleistungen, die die Wertschöpfung erweitern würden?*

In Bezug auf unser initiales Beispiel zu „Verfettung" könnte das z. B. sein:

„Was wäre, wenn jeder Mensch nur noch 1000 Kalorien pro Tag zu sich nehmen darf?" Oder: „Was wäre, wenn alle Lebensmittel zuckerfrei wären?"

Ideen aus den Phasen 1 bis 4 können zudem in einem Funky Prototypen zusammengebracht werden und ad hoc in einem Prototyp münden.

Phase 5: Ad-hoc Umsetzung eines „Funky Prototype"

Beim Funky Protooype fokussieren wir uns darauf, einen Prototyp ad-hoc zu bauen. Die Teams werden hierbei dazu angehalten, den Lernerfolg nochmals zu maximieren und zugleich die Zeit- und Aufmerksamkeitskosten zu minimieren. Das Ziel ist, Lösungen zu entwickeln, die sich hauptsächlich auf den Nutzen fokussieren. Potenzielle Kosten und mögliche Budget-Restriktionen werden komplett ausgeblendet. Z. B. können hierfür die besten Erkenntnisse aus vorherigen Stufen verwendet und/oder kombiniert werden. Der Schwerpunkt liegt darauf, die beste Erfahrung für den Nutzer zu gestalten.

Kernfragen:

- *Welche Ideen lassen sich kombinieren, um dem Nutzer die beste Erfahrung zu bieten?*
- *Welche verrückten Ideen sind supercool?*
- *Bei welcher Idee müsste man am Ende um Vergebung bitten?*
- *Wie sieht eine Idee aus, die ad hoc realisiert und nicht geplant wird?*

Bsp.: Abnehmen im Schlaf oder durch eine Sättigungspille.

Mit jedem Prototyp und mit jeder Konkretisierung des Prototyps bis hin zum finalen Prototypen kommen wir der finalen Lösung über die jeweiligen Iterationen näher.

6.4.2 Groan Zone

Wie bereits beschrieben, wird der Übergang von einer divergierenden Phase zu einer konvergierenden Phase auch als

„Groan Zone" bezeichnet (Schritt 6). Während wir uns in der divergierenden Phase z. B. geöffnet und mit möglichst vielen Möglichkeiten beschäftigt haben, so ist es in der konvergierenden Phase das Ziel, die richtigen Prioritäten zu setzen und das umzusetzen, was wir zuvor gelernt haben.

Diese Phase heißt nicht umsonst „Groan Zone" (=Ächzen, Stöhnen), da es die größte Herausforderung ist, den „Sack zuzumachen". Eingespielte Teams und Innovationsprofis haben über die Jahre ein Bauchgefühl entwickelt, um sich nach der divergierenden Phase z. B. auf die richtigen Lösungsvorschläge zu konzentrieren.

> *Generell hilft bei der Auswahl von potenziellen Lösungen für eine Fokussierung:*
>
> - *Ideencluster zu bilden,*
> - *Verbindungen zwischen Ideen herzustellen,*
> - *offensichtliche Hürden zu diskutieren sowie*
> - *Lösungen auf Daisy-Maps (ohne Rangliste) oder entsprechend mit einer Rangliste zu visualisieren.*

Für den Übergang, also die „Groan Zone", gibt es kein Patentrezept. Es kann unendlich viele Varianten geben, die am Ende in einer definitiven Lösung münden (siehe Abbildung mit exemplarischen Varianten, um von einer Problemstellung A zu einer Lösung B zu kommen).

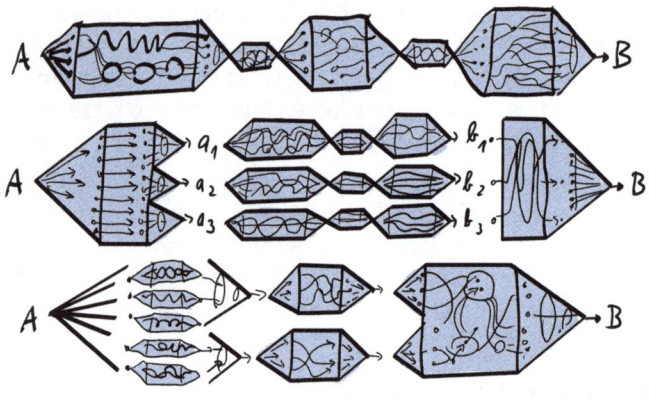

Eine gute Herangehensweise, um die „Groan Zone" zu meistern besteht auch darin, ein gemeinsames Verständnis über den Kontext zu erzeugen und die Beziehung der Teammitglieder oder Stakeholder zu stärken. Der gemeinsame Kontext kann durch die Beschreibung von Ideen in einem „Prototype Vision Canvas" erfolgen. Dadurch erlangen die anderen Gruppenmitglieder ein tieferes Verständnis über die jeweiligen Perspektiven. Direkte Fragen und das aufmerksame Zuhören unterstützen diesen Prozess. Zudem hat es sich als vorteilhaft erwiesen, wenn sich die einzelnen Teammitglieder gut kennen und die tieferen Beweggründe für bestimmte Ideen und Lösungsvorschläge bekannt sind. Auf diese Weise können schneller Differenzen überwunden und Gemeinsamkeiten gefunden werden.

> Wenn eine bestimmte Idee eine gewisse Reife hat, können wir sie in einem „Prototyp Vision Canvas" beschreiben (Schritt 7). Auf diese Weise können verschiedene Visionen formuliert und getestet werden. **!**

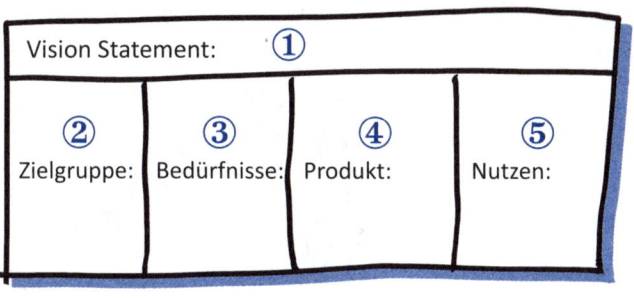

7) Konkretisierung der Vision im Prototyp Vision Canvas

Die Vision von einer Idee kann als Kurzkonzept dargestellt werden. Hierbei fokussieren wir uns auf vier Kernfragen:

1) Beschreibung der Vision in einem Satz.

2) Für welche Zielgruppe ist die Idee?

3) Welche Bedürfnisse der Zielgruppe werden befriedigt?

4) Was ist der Kern der Dienstleistung oder des Produkts?

5) Was ist der konkrete Nutzen?

Im nächsten Abschnitt wird gezeigt, wie in der konvergierenden Phase durch die richtigen Prioritäten schrittweise immer konkretere Prototypen entstehen und so das umgesetzt wird, was zuvor erkundet wurde.

6.4.3 Die Prototypen

Über die „Groan Zone" erfolgt die Transition in die jeweiligen Prototypen, die im Diagramm mit A, B, und C bezeichnet sind. Wie bereits beschrieben, steigt die Reife der Prototypen mit der Zeit. „D" bezieht sich auf die Umsetzung der Lösung.

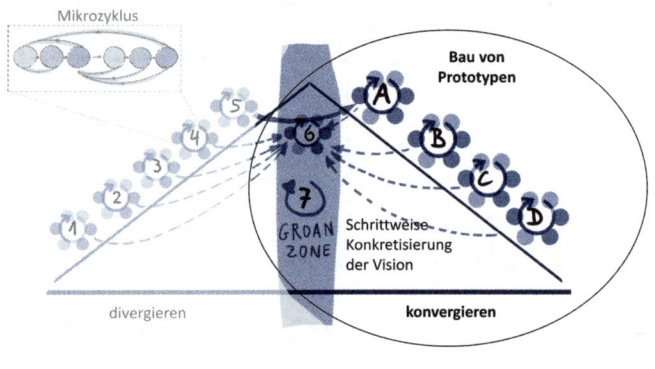

Analog zu den Phasen 1–5 entstehen die Prototypen. Wir starten mit dem Übergang von Phase 2 zu Prototyp A. Das initiale Brainstorming dient meist als „Braindump" und bietet meist noch nicht genügend Tiefe für einen Prototypen.

A) Funktionale Prototypen

Im funktionalen Prototyp müssen zu Beginn nicht alle Funktionalitäten integriert werden. Entscheidend ist, dass eine minimale Funktionalität gewährleistet ist, um den Prototyp unter realen Bedingungen zu testen. Häufig sind solche Prototypen auch eine Vorstufe für ein späteres „Minium Viable Product" (MVP).

Bsp.: Smartwatch mit Funktion Pulsmessung als MVP.

Über die Zeit werden die Prototypen immer reifer. Entweder, weil mehr Funktionalitäten dazukommen, oder weil z.B. höherwertiges Material benutzt wird.

B) Fertige Prototypen

Die Erstellung eines fertigen Prototyps ist entscheidend für die Interaktion mit dem Nutzer, da nur die Realität die Wahrheit hervorbringt. Für den Bau eines fertigen Prototyps ist ausreichend Zeit einzuplanen, die jeweiligen Funktionalitäten sind entsprechend zu integrieren.

Bsp.: Smartwatch mit Pulsmessung und Schrittzähler.

Am Ende fließen die Erkenntnisse über die bekannten Iterationen in einen Prototypen, der zielgerichtet mit dem Nutzer in seiner Umgebung getestet werden kann.

C) Finale Prototypen

Der finale Prototyp glänzt durch Eleganz in den aufgewendeten Gedanken und in der Realisierung. Meist sind Prototypen, die durch eine einfache Funktionalität überzeugen, auch später beim Markteintritt erfolgreich. Es empfiehlt sich, so viel Unterstützung von Lieferanten und Partnern zu holen wie möglich. Die Verwendung von Standardkomponenten erhöht die Erfolgswahrscheinlichkeit und senkt die Entwicklungskosten massiv.

Bsp.: Integration von bestehender Hardware für Pulsmessung auf einer Fitnessplattform für Singles.

Der beste Prototyp wird nur dann zur Innovation, wenn er seinen Weg in den Markt findet. Im Design Thinking hat sich für die Umsetzung das Statement „How to bring it home?" (sinngemäß: Wie bekommen wir es umgesetzt?) etabliert.

D) How to bring it home

Nicht nur die Qualität des Produkts oder Services ist ent-scheidend, sondern auch die Umsetzung. Wichtig zu wissen:

- *Wer könnte im Umsetzungsprozess (z. B. im Unternehmen) Hürden in den Weg legen und Einfluss auf Entscheidungen nehmen?*

Das Credo ist: Betroffene zu Beteiligten machen und wo-möglich „Win-Win"-Situationen für alle Beteiligten schaffen. Wie die Umsetzung optimal vorbereitet werden kann, wird in Kapitel 12 nochmals reflektiert.

Prototypen helfen uns schnell Feedback zu erhalten. Der Leitspruch im Design Thinking heißt: „Fail early to succeed sooner." Das Feedback von potenziellen Nutzern hilft uns, unsere Ideen und Lösungsvarianten zu schärfen. „Die unerwartete Erkenntnis benötigen wir, um den nächsten Schritt zu machen." (Leifer, 2012)

Auf den Punkt gebracht

- Design Thinking besteht aus einem Mikro- und einem Makrozyklus.

- Der Mikrozyklus besteht meist aus 6 Phasen: Verstehen, Beobachten, Standpunkt definieren (PoV), Ideen gene-rieren, Prototypen bauen und testen.

- Verschiedene Methoden und Werkzeuge stehen zur Verfügung, um die Problemstellung zu formulieren, Empathie mit dem Nutzer aufzubauen und Prototypen zu bauen und zu testen.

- Der Makrozyklus setzt verschiedene Fragestellungen ein, um in der divergierenden Phase möglichst viele Ideen und maximale Kreativität zuzulassen.

- Der Übergang von einer divergierenden zu einer konvergierenden Phase ist die größte Herausforderung.

- Die Nutzung eines Vision Prototype Canvas für den Transport von Kontext hilft die Groan Zone zu meistern, wie auch ein gutes und tiefes Verständnis über die Intentionen der Teammitglieder zu erhalten.

- Generell wird im Design Thinking in Iterationen vorgegangen, und der Mensch mit seinen Bedürfnissen steht im Mittelpunkt der Überlegungen.

- Über den Zyklus entstehen schrittweise ausgereifte Prototypen bis zum finalen Prototyp.

- Die Umsetzung von einer finalen Lösung ist ebenfalls zentral und wir sollten versuchen die Betroffenen zu Beteiligten zu machen.

7. Evolution von Design Thinking

Nachdem wir jetzt ein gutes Verständnis über Design Thinking haben, wollen wir in den folgenden Kapiteln den Rahmen erweitern und verstehen, was zusätzlich an Handwerkszeug benötigt wird, um disruptive Innovationen in einer digitalisierten Welt zu realisieren.

Veränderte Kunden- und Marktbedürfnisse verlangen auch einen evolutionären Schritt und Öffnung des Design Thinkings. Die Erwartungen von Kunden steigen und Produkte und Dienstleistungen sollen den persönlichen Wünschen entsprechen.

Die Disruption erfolgt durch neue Technologien und innovative Geschäftsmodelle, die klassische Kunden-Lieferanten-Modelle nicht bieten können. Die Anzahl der disruptiven Player steigt stetig, die auf digitalen Technologien und Daten basierende Geschäftsmodelle gestalten und damit die etablierten Unternehmen verdrängen. Oftmals entstehen hieraus Angebote, die eine Produkt-Dienstleistungskombination am gewünschten Ort zur gewünschten Zeit ermöglichen.

In Zukunft wird der Kunde zudem mehr Hoheit über seine Daten verlangen und sich in dezentralen Netzwerkstrukturen bewegen. Das Design dieser Interaktion und die Kombination von Big Data Analytics mit Design Thinking nimmt über alle Phasen im Prozess, von der Problemstellung bis zur Umsetzung, an Bedeutung zu.

Zudem wird es in einer digital vernetzten Welt immer wichtiger, in Systemen zu denken. Die Kombination von Systems Thinking und Design Thinking findet hierbei Anwendung.

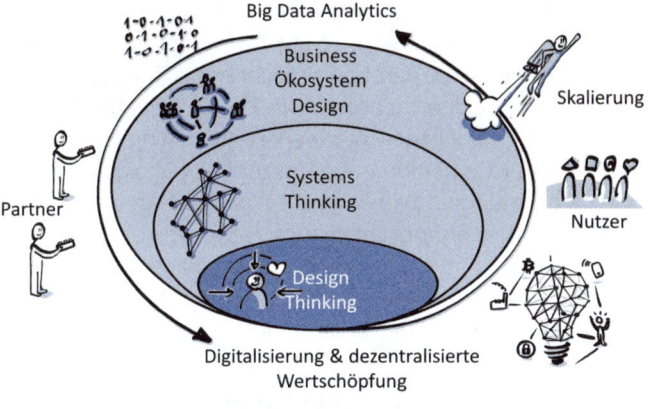

Das Paradigma von Business Ökosystem Design basiert z. B. auf der Überlegung, dass eine Vielzahl von Akteuren im Ökosystem ihre Leistungen zusammenbringen und diese unterschiedlichen Kunden mit einer klaren Value Proposition anbieten. Alle Akteure haben einen klaren Vorteil, im System zu agieren.

Durch Netzwerkeffekte entstehen skalierbare Plattformen und Leistungskomponenten. Das Design dieser Geschäftsmodelle entsteht mehrdimensional, und diese werden zunehmend in Form von Co-Creation zusammen oder vom Initiator des Systems für das gesamte Business Ökosystem gestaltet. Je attraktiver das gesamte digitale Ökosystem für die Akteure ist und je größer der echte Mehrwert für den Kunden, umso erfolgreicher sind diese Systeme. Typische Beispiele solcher Ökosysteme aus dem letzten Jahrzehnt sind Unternehmen wie WeChat, aber auch Services von Amazon oder der App-Store für Android von Google.

In solchen Ökosystemen verändern sich die Marktrollen von Unternehmen mehr denn je. Die Öffnung zum Netzwerk und die gezielte Kooperation braucht neue Fähigkeiten und Denkweisen in Unternehmen. Die klassischen Ansätze mit einem Fokus auf Partner-Netzwerke haben in diesem Ansatz ausgedient. Es entstehen neue dezentrale Ökosysteme, die durch Technologien wie Blockchain möglich gemacht werden. Blockchain ermöglicht disruptive Systeme ohne vertrauenswürdige Dritte (heute meist Intermediäre) zu gestalten. Es können auf diese Weise Vertrauensnetzwerke aufgebaut werden, die das Internet bislang nicht realisieren konnte.

Exkurs: Was ist eine Blockchain?

Eine Blockchain besteht aus Datenstrukturen mit definierten Inhalten (z. B. Blockheader, Transaktionszähler) und einer einheitlichen Größe, die logisch miteinander verkettet, und nicht auf einem zentralen Server gespeichert sind, sondern verteilt in einem Netz von dezentralen Rechnern, sodass sie nicht von einer einzelnen Person oder Instanz kontrolliert oder manipuliert werden können. Die Anonymität, Authentizität und Integrität der Daten in der Blockchain wird durch kryptographische Verfahren (z. B. digitale Signaturen und Verschlüsselungen) gewährleistet. Das Ereignisprotokoll für eine Transaktion (z. B. der Übertrag von Eigentum oder die Bezahlung mit einer Kryptowährung wird dabei mit vielen Beteiligten in der Blockchain) geteilt, und eine einmal eingegebene Information kann nachträglich nicht verändert werden. (vgl. Wallport, 2015, Bogart und Rice, 2015)

Wie auch im Design Thinking gibt es z.B. kein universell einsetzbares „Kochrezept" zur Umsetzung digitaler Ökosysteme und mehrdimensionaler Geschäftsmodelle. Aber auch hier können wir uns an einem Vorgehensmodell orientieren, um zu zeigen, wo wir im Design Prozess stehen und was unser nächster Schritt ist. Die folgenden Ansätze zum Systems Thinking, Business Ökosystem Design und die Kombination von Design Thinking und Big Data Analytics helfen dabei, auch komplexe Herausforderungen in der Digitalisierung zu meistern.

Auf den Punkt gebracht:

- Für komplexe Problemstellungen der Digitalisierung reicht es oft nicht aus, sich nur auf das Design Thinking Mindset zu fokussieren.

- Eine Öffnung und Kombination von Design Thinking mit anderen Ansätzen, wie z.B. Systems Thinking und Big Data Analytics, helfen über den Problem- und Lösungsraum bessere Erkenntnisse und Lösungen zu erhalten.

- Die Fähigkeit innovative Geschäftsmodelle und gesamte Business Ökosysteme zu gestalten, sind Treiber für den Unternehmenserfolg.

- Neue Technologien, wie z.B. Blockchain, erlauben es, neue Marktrollen einzunehmen und dem Kunden ein einmaliges, voll digitalisiertes, Kundenerlebnis zu gestalten.

8. Systems Thinking & Design Thinking

Gerade in der Digitalisierung wird das Denken in Systemen zu einem entscheidenden Erfolgsfaktor. Warum? Die neuen, einzigartigen Erlebnisse für Kunden benötigen eine Integration und Interaktion von Systemen, Subsystemen und Menschen.

In den letzten zwei Jahrzehnten waren zentrale Plattformen ausreichend für die Kundeninteraktion. Fahrzeughersteller bauten ihr Kundenerlebnis rund um das Command-System im Auto, ohne sich nach außen zu öffnen. Messenger-Plattformen konzentrierten sich auf nationale Kunden für Kommunikationsservices, ohne dabei globale Netzwerkeffekte aktiv zu nutzen oder Kernfunktionen aus anderen Systemen zu integrieren.

> In Zukunft wird es immer schwieriger werden, mit einer zentralen Plattform, ohne Teil eines Ökosystems zu sein, einen breiten Markt zu bedienen und nachhaltig erfolgreich zu sein.

Die Akzeptanz der Komplexität von Systemen wird in diesem Zusammenhang zunehmend wichtiger. Aus diesem Grund hat es sich als hilfreich erwiesen, Systems Thinking in Kombination mit Design Thinking anzuwenden.

Das Mindset ist in vielen Bereichen ähnlich, dennoch bedarf es der Fähigkeit die Schwerpunkte der jeweiligen Denkzustände situativ und richtig anzuwenden.

Als System können wir Produkte, Dienstleistungen, Technologien. Geschäftsmodelle und Prozesse verstehen. Spannender wird es jedoch bei Organisationen, Business Ökosystemen und dezentralen Netzwerken. Um sie zu erschaffen, müssen wir systemisch- und zugleich menschenzentriert denken.

Der Begriff System beschreibt hierbei das Zusammenspiel von mehreren Komponenten (Systemelementen) in einer größeren Einheit. Sie verfolgen eine bestimmte Funktion oder einen bestimmten Zweck.

Beispiel: Denken im System

Exemplarisch können wir wieder das einleitende Beispiel zur Verfettung der Bevölkerung heranziehen. Die meisten Lösungen, wie z. B. „Fitbit", haben die zentrale Funktion, die Bewegung aufzuzeichnen und uns für unsere Anstrengungen zu belohnen. Die Lösung ist bereits digital, nur leider erreichen wir in den meisten Fällen damit nur die Menschen, die bereits fit und aktiv sind. Dies bedeutet, dass der Impact für die Gesamtbevölkerung relativ gering ist. Wenn wir das gesamte System ändern möchten, müssen wir Wege finden, das System zu ändern und die Menschen im System dazu zu motivieren, aktiv zu werden.

Was wäre, wenn...

...Internet-Karten Routenvorschläge erbringen, bei denen wir immer ein paar Schritte (mehr) zu Fuß gehen müssten?

...beim Bezahlen via Mobile-App im Supermarkt wir die Kalorien aller Lebensmittel im Einkaufskorb angezeigt bekommen?

...uns andere Menschen, z. B. aus den sozialen Netzwerken, zu mehr Fitness motivieren?

Wie im Design Thinking gibt es auch im Systems Thinking ein Mindset. Dieses hat die folgenden Eigenschaften und Fokussierungen:

System Thinking Mindset

Wenn wir Systeme betrachten, achten wir darauf:

- *das „Big Picture" im Blick zu behalten.*
- *uns die Zeit zu nehmen, um auch komplexe Zusammenhänge zu durchdringen.*
- *nach dem „Schlüssel" zum System zu suchen*
- *positiv darüber nachzudenken, wie das System verbessert werden kann, und beschweren uns nicht, wenn es nicht funktioniert.*
- *Gegebenheiten von verschiedenen Seiten zu betrachten.*
- *es zu akzeptieren, dass Veränderung graduell stattfindet und Verbindungen ebenfalls Veränderungen anstoßen.*
- *die Ergebnisse zu überprüfen und das Ergebnis mit jeder Iteration zu verbessern.*
- *unser Denken zu reflektieren, denn es beeinflusst, was passiert.*
- *die Effekte zu identifizieren, die durch ein Handeln ausgelöst werden.*

Das Vorgehen im System Thinking startet in der Regel mit einem realen Problem, das entsprechend komplex und multidimensional ist. In einem ersten Schritt ergründen wir das System.

Ergründung des Systems

Kernfragen:

- *Welche Elemente sind im System?*
- *Wie sind die Dinge und Elemente miteinander verbunden?*
- *Was ist innerhalb des Eingriffsystems und was außerhalb?*
- *Was können wir gestalten?*

Auf dieser Basis schaffen wir ein gutes Verständnis des Problems. Wie bereits angedeutet, geht es jedoch in der Digitalisierung um mehr: die Integration und Interaktion. Die Systemumgebung ist zu erkunden und in vielen Fällen neu zu definieren. Bei der sogenannten Situationsanalyse werden Erkenntnisse zusammengefasst.

Ergründung der Systemumgebung

Kernfragen:

- *Was erzeugt das System?*
- *Ist das Ergebnis wünschenswert?*
- *Wie funktioniert die Interaktion des Systems mit uns als Menschen?*
- *Entspricht diese Interaktion den Bedürfnissen?*
- *Was passiert innerhalb des Systems?*
- *Wie agieren Maschinen und Sensoren miteinander?*
- *Was wollen wir erreichen?*

Erst wenn das Problem und die Situation verstanden ist, beginnt die Lösungssuche. Hierbei werden gezielt Lösungen gesucht, die im Lösungsraum sind. Oft wird in dieser Phase in Varianten gedacht. Auf dieser Basis entsteht z. B. eine

Bewertungsmatrix, welche die Varianten nach bestimmten Kriterien bewertet. Abgeleitet davon lassen sich Empfehlungen formulieren. Wenn die Lösung passt und funktioniert, ist im System Thinking das Problem erstmal vom Tisch. Falls nicht, wird der Prozess von vorne angestoßen, es folgen also ebenfalls Iterationen.

Gemeinsamkeiten: Systems und Design Thinking

Wenn wir das Vorgehensmodell vom Design Thinking mit dem Model des Systems Thinking vergleichen, fällt uns Folgendes auf:

- *Die Ansätze sind in manchen Bereichen überlappend, und so wird ein ähnliches Mindset verfolgt.*
- *In anderen Teilen sind sie sehr verschieden und verfolgen eine andere Fokussierung in der Lösungsfindung.*
- *System Thinking hat seine Stärken im Finden von Lösungen in sehr komplexen Situationen, während das Design Thinking den Menschen mit seinen Bedürfnissen in den Mittelpunkt stellt.*
- *Kombiniert man die Ansätze situativ, so kann das volle Potenzial von beiden Ansätzen ausgeschöpft werden.*

In den Kapiteln 6.3 und 6.4 zum Design Thinking Mikro- und Makroprozess wurde der „Double Diamond" und die einzelnen Phasen im Mikroprozess erklärt. Die Abbildung auf der nächsten Seite baut darauf auf und visualisiert das situative Vorgehen im Systems Thinking (links) mit Design Thinking (rechts).

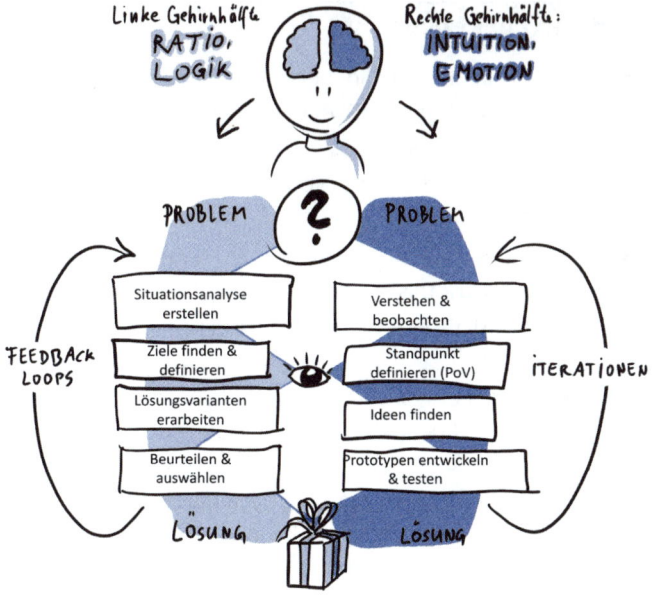

Je nach Situation und Aufgabenstellung macht es Sinn, das Vorgehen des Systems Thinking zum Design Thinking hinzuzunehmen.

Besonders bei sehr komplexen Interaktionen zwischen Menschen und Systemen bringt es Vorteile. Nicht zuletzt, weil z. B. im Systems Thinking mit Lösungsvarianten gearbeitet wird, die besser abgrenzbar sind.

Auf den Punkt gebracht

- System Thinking ist ein hervorragender Ansatz, um komplexe Lösungen ganzheitlich zu betrachten.

- Das Vorgehen konzentriert sich auf die Definition von Systemen, der Erkundung von Systemgrenzen und deren Beeinflussbarkeit.

- Bei der Systemerstellung wird auch iterativ vorgegangen. Die Erkenntnisse und die Systemdarstellung werden laufend ergänzt. Die ursprüngliche „Blackbox" wird verfeinert.

- Die Kombination von System Thinking und Design Thinking ist eine Fähigkeit, die zunehmend für die Gestaltung von digitalen Lösungen zentral wird.

- Wenn z. B. im Design Thinking viele Iterationen erfolgt sind, kann eine Systemdarstellung helfen, die Situation besser zu verstehen und zu visualisieren.

- System Thinking bildet die Grundlage für das Design von Business Ökosystemen. In diesem wird das System mit seinen Nutzern, Kunden und Akteuren abgebildet, optimiert oder radikal verändert.

- Die größte Schwachstelle im Systems Thinking ist, daß der Mensch mit seinen Bedürfnissen keine große Rolle in den Überlegungen spielt. Design Thinking ergänzt hier komplementär.

9. Business Ökosystem Design

„Das Design von Business Ökosystemen vereint das Mindset von Lean Startup, Systems und Design Thinking. In drei aufeinanderfolgenden Loops entsteht ein Minimum Viable Ecosystem (MVE)."

Michael Lewrick, Krypto-Valley-Entrepreneur und Autor

Das Design von Business Ökosystemen (vgl. Moore, 1996) gehört wohl zu den anspruchsvollsten Design Challenges und ist mit Abstand die Fähigkeit, die bislang am wenigsten Einzug in Unternehmen gefunden hat. Im vorhergehenden Kapitel wurde bereits die Stärke der Kombination von Design Thinking und Systems Thinking kurz erläutert. Hier kommen wir zu konkreten Anwendung, dem Design von Business Ökosystemen.

> *Ein Unternehmen, welches über das letzte Jahrzehnt sehr erfolgreich in Ökosystemen gedacht hat, ist Amazon. Ein weiteres Unternehmen, das durch seinen App Store ebenfalls erfolgreiche Ökosysteme aufgebaut hat, ist Google.*

Im Design von Business Ökosystemen gehen wir ebenfalls vom Nutzer und seinen Bedürfnissen aus. Als erster Schritt wird das Design Thinking Paradigma genutzt, um das Problem zu lösen. In der Vergangenheit wurde auf dieser Basis meist ein traditioneller Weg für die Gestaltung der Kommerzialisierung einer Lösung gewählt. Ein gängiges Werkzeug war im letzten Jahrzehnt ein sogenanntes Geschäftsmodell-Canvas (z. B. von Osterwalder).

Diese Modelle geben bis heute die Struktur vor, um eine Value Proposition zu erarbeiten und die Kunden- und Lieferantenbeziehungen zu definieren. In vielen Fällen sind sie mit Geschäftsmodellanalogien angereichert, um zu sehen, ob eher Service-, Pay-Per-Use- oder Freemium-Modelle etc. zur Kommerzialisierung der Lösung geeignet erscheinen. Der

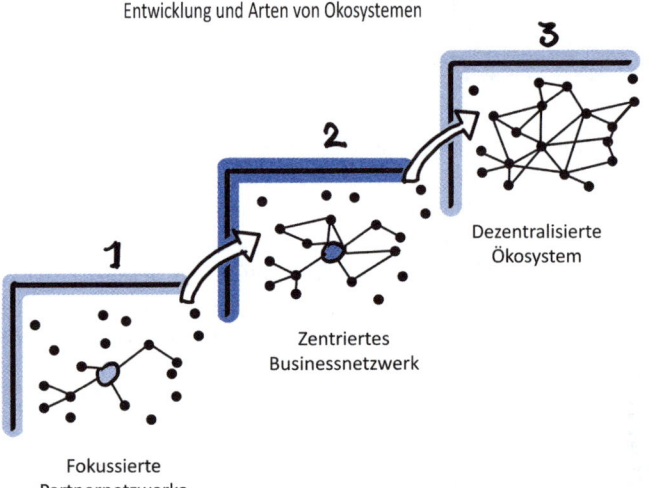

Entwicklung und Arten von Okosystemen

3

2

1

Dezentralisierte
Ökosystem

Zentriertes
Businessnetzwerk

Fokussierte
Partnernetzwerke

Fokus lag weitgehend auf dem Partnernetzwerk oder auf einem zentralisierten Businessnetzwerk.

Viele digitale Produkte und Services brauchen jedoch weiterreichende Überlegungen für eine Kommerzialisierung, da die neuen Modelle oft kein Zentrum haben und viele Akteure gleichberechtigt im Netzwerk agieren (Dezentrales Ökosystem der Maturitätsstufe 3).

Als Initiator einer Lösung wird das Business Ökosystem gestaltet, und im gleichen Design Loop wird die eigene Marktrolle und das eigene Geschäftsmodell definiert. Aber auch die Geschäftsmodelle der anderen Akteure im System müssen erarbeitet werden.

So werden bewusst Vorteile für alle Teilnehmer im System gestaltet und Werteversprechen geschaffen, die auf die jeweiligen Kunden der Akteure abgestimmt sind. Amazon bietet z. B. unzählige Angebote für Kunden, bei denen den Partnern im Ökosystem weitere Einnahme-Quellen aufgezeigt werden, sodass die teilnehmenden Akteure größere Anreize haben z. B. eine Plattform von Amazon zu nutzen oder die Services weiter zu verkaufen – nicht zuletzt, weil auch die Geschäftsmodelle und Hebel, den Umsatz zu steigern, von Amazon mitgeliefert werden.

Für die Gestaltung von Business Ökosystemen ist es zu empfehlen, in drei aufeinander aufbauenden Design Loops vorzugehen (vgl. Lewrick & Link, 2018). Generell sind die Kernfragen zum System und zur Systemumgebung relevant, die bereits vorgängig erläutert wurden.

Das vorgestellte Business Ökosystem Modell wurde über die letzten Jahre im Herzen des Krypto Valleys im Korridor zwischen Zürich und Zug entwickelt und validiert. Vor allem für neue digitale Wachstumsinitiativen und die Prüfung von Blockchain als Basis-Technologie ist das Vorgehensmodell willkommen.

Nachfolgend werden die Schritte 0–10 beschrieben.

Startpunkt:

Wie schon beschrieben ist die Ausgangslage geprägt von den Kundenbedürfnissen und einer Problemstellung (siehe Kapitel 6 „Der Design Thinking Zyklus").

Der Virtuous Design Loop besteht aus 7 Phasen. Am Ende ist es das Ziel, verschiedene Varianten von Business Ökosystemen über ein interaktives Vorgehen zu entwickeln.

1) Formulierung der Value Proposition

- *Leite aus den Kundenbedürfnissen die Core Value Proposition für das System ab.*
- *Nutze die Methoden und Erkenntnisse aus dem Design Thinking.*

Auf Basis der Value Proposition beginnt die Analyse der Akteure im System.

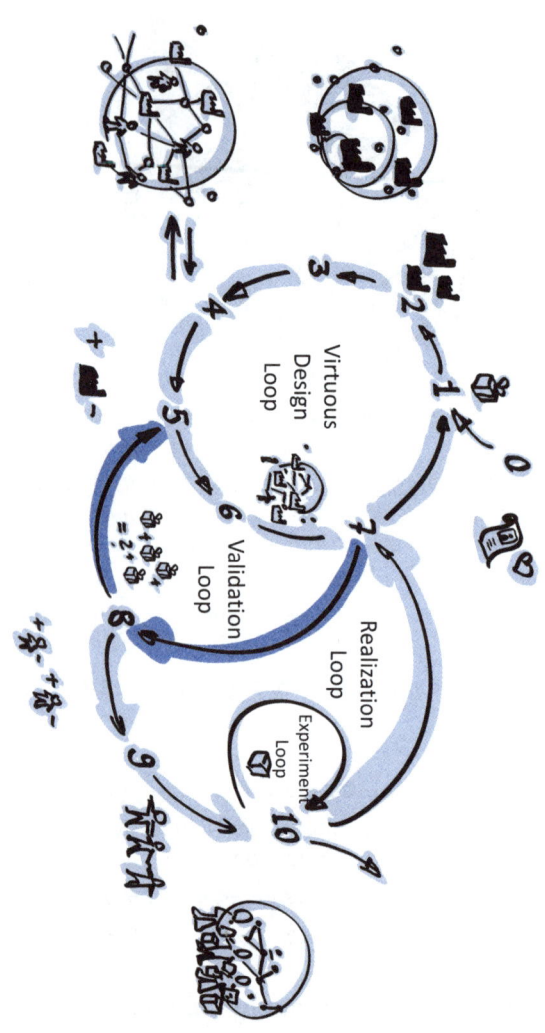

2) Beschreibung der Akteure im Business Ökosystem

- *Beschreibe die Akteure im Ökosystem*
- *Nutze z. B. Analysemethoden, wie die PESTEL Analyse.*
- *Erstelle eine Kurzbeschreibung der Unternehmen inkl. Funktion, Marktrolle, Motivation etc. im System.*
- *Beschreibe die Intensität der Beziehung und Geschäftsmodelle von jedem Akteur.*

3) Akteure auf der Ökosystem Landkarte einordnen

- *Trage die Akteure auf der Ökosystem Landkarte ein.*
- *Nutze z. B. eine vierteilige Einteilung für die Positionierung der Akteure. Starte mit Akteuren, die viel zur Value Proposition beitragen, und ergänze nach außen mit Akteuren mit komplementären Angeboten, dem Enabling Netzwerk etc.*
- *Die Grenzen zwischen den Einteilungen sind fließend.*

Ein Kernelement im Business Ökosystem Design ist die Gestaltung von aktuellen und zukünftigen Wertströmen. In der nächsten Phase liegt hierauf der Fokus.

4) Definition der Wertströme und Verbindung der Akteure

- *Definiere die Wertströme des Angebots (klassische Wertströme sind physische Güter, Dienstleistungen, Geld etc.).*
- *Digitale Wertströme können auch in Form von Wissen, Software, Daten, Design, Musik, Media, Adressen, virtuellen Umgebungen, Kryptowährungen oder Zugang und Übertragung von Eigentum und Besitz in Form von digitalen Assets vorkommen.*
- *Prüfe, ob diese Wertströme z. B. auch dezentral und direkt zwischen den Akteuren ausgetauscht werden können, ohne Intermediäre, z. B. Zahlung ohne Bank, Eigentumsübergang ohne Notar etc.*
- *Prüfe, ob es auch negative Wertströme gibt, z. B. in Form von Risiken.*

Nachdem die Akteure im Ökosystem positioniert sind und Klarheit über die Wertströme besteht, können die Effekte für die einzelnen Akteure analysiert werden.

5) Analyse der Vorteile und Nachteile je Akteur

- *Erkunde, welche Effekte das jeweilige Szenario für Akteure hat.*
- *Der Fokus liegt auf den Vorteilen und Nachteilen.*
- *Die Akteure werden nur einen Beitrag im System liefern, wenn sie einen klaren Vorteil aus den Interaktionen erhalten.*

Für die mehrdimensionale Betrachtung der Geschäftsmodelle helfen die Analysen aus den vorgängigen Phasen.

6) Multidimensionale Geschäftsmodelbetrachtung von allen Akteuren im Ziel-Business-Ökosystem

- *Bertachte das Wertangebot von jedem einzelnen Akteur und hinterfrage seinen Betrag für die Value Proposition des Kunden.*

- *Achte darauf, dass das Gesamtangebot und das Angebot jedes einzelnen Akteurs abgestimmt sind.*

- *Alle Akteure im System sollen am Ende das Gefühl haben, dass die Interaktionen fair sind.*

- *Zudem soll Transparenz über die Wertströme hergestellt werden.*

Beispiel: Visualisierung eines Virtuous Loop von Apple

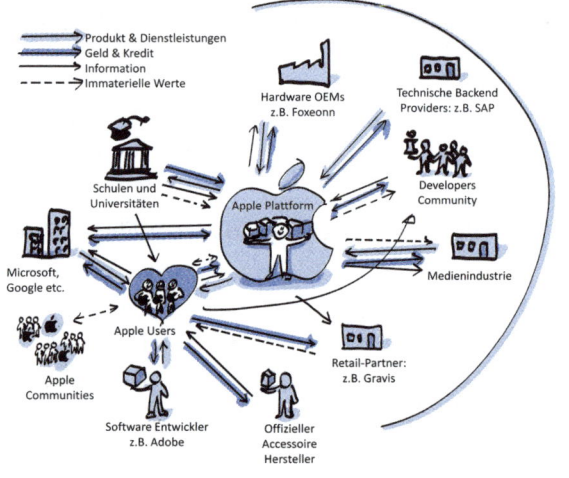

In der folgenden Phase geht es primär darum, das System iterativ zu verbessern. In dieser Phase können Akteure dazukommen oder eliminiert werden.

7) (Re-)Design des Business Ökosystems

- *Durch Iteration und Denken in Varianten kommen neue Akteure hinzu, werden ersetzt oder vollkommen aus dem System ausgeschlossen, da sie z. B. durch Technologie oder Automatisierung ersetzt werden.*

- *Bestimme für jede Idee oder Variante die Auswirkungen auf die einzelnen Akteure.*

- *Es ist wichtig, hierbei durch Iterationen und Experimente die Robustheit der Szenarien durchzuspielen.*

Der Validation Loop

In den Phasen 1 bis 7 wurde das System gestaltet. Aber nur die Realität zeigt, ob die Überlegungen auch wirklich überlebensfähig sind. Der Validation Loop (Schritt 8) besteht aus nur einem Schritt, der jedoch fundamental wichtig ist, da am Ende Menschen und Teams zusammenarbeiten müssen, um ein Ökosystem wachsen zu lassen.

8) Betrachtung der Entscheidungsträger und Teammitglieder im Ökosystem

- *Überlege, welche Akteure das System initial validieren und ggf. entwickeln werden.*

- *Achte dabei auf die sog. interspezifische Beziehung zwischen beteiligten Personen und Teams. Diese sichert die Existenz eines Business Ökosystems.*

- *Eruiere die persönlichen Interessen, Bedürfnisse und Motivationen der Beteiligten.*

! • *Ziel ist es auch hier, eine Symbiose (im weiteren Sinne) zu erreichen, in der alle Personen aus der Interaktion einen Nutzen ziehen.*

! Neben der rationalen Entscheidung, Teil des Ökosystems zu sein, ist die persönliche Motivation (z.B. von einem Entscheidungsträger) mindestens genauso relevant.

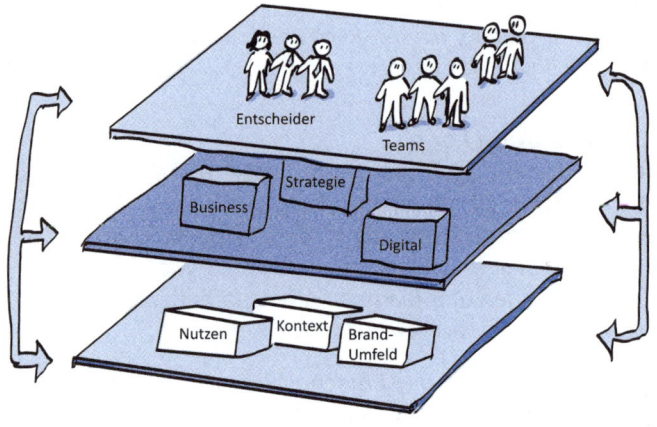

Der Realization Loop

Im Design von Business Ökosystemen wurden die Bedürfnisse von Kunden/Nutzern und den Akteuren berücksichtigt. Für die erfolgreiche Umsetzung werden insbesondere die Menschen, die das Business Ökosystem erschaffen, benötigt.

9) Zusammenstellung eines motivierten Teams für die Umsetzung des Business Ökosystems

- *Stelle ein interdisziplinäres Team zusammen, das jeweils die Stakeholder der Akteure miteinbezieht.*
- *Die Entscheidungsträger geben die Rahmenbedingungen wie Reichweite des Minimal Viable Ecosystems (MVE), Budget oder Zeitrahmen vor.*
- *Die Entscheidungsträger sind die Enabler für das Vorhaben. Die Teams sind die eigentlichen Macher, die sich mit ihrer positiven Energie, intrinsischen Motivation, Interesse und Fähigkeiten einbringen.*

In der letzten Phase kommen die Anwendung des Design Thinking Mindset und die Ansätze von Lean Start-up und agiler Entwicklung zum Einsatz, um das Ökosystem iterativ aufzubauen und zu verbessern. Das Vorgehen über Minimum Viabale Ecosystems (MVEs) entspricht dem Grundgedanken des bekannten Prototyping von MVPs. Diese werden konsequent in Iterationen getestet.

10) Aufbau des Business Ökosystem via MVE

- *Teste den Ansatz mit wenigen relevanten Akteuren im System.*
- *Das Minimum Viable Ecosystem hat meist 3 bis 5 Akteure, die notwendig sind, um eine Interaktion end-to-end durchzuspielen.*
- *Hierbei werden reelle Gegebenheiten berücksichtigt und z. B. entsprechende Testdaten genutzt, um die Situation nachzuahmen.*
- *Durch Interaktionen wird der MVE schrittweise optimiert.*

• *Zu den bereits beschriebenen Elementen sind die Unternehmenskultur und das gelebte Mindset für den Erfolg entscheidend.*

Die Neugestaltung von Ökosystemen der Maturitätsstufe 3, also solche die eine radikale Veränderung im Markt bewirken und ganze Branchen revolutionieren, stellen für traditionelle Unternehmen eine große Herausforderung der digitalen Transformation dar. Die Fähigkeit, in Ökosystemen zu denken und diese aktiv zu gestalten, wird zunehmend wichtiger.

Ein nützliches Werkzeug ist das Business Ökosystem Design Canvas (Lewrick et. al., 2018). Es enthält die wichtigsten Elemente der dargestellten Loops für ein iteratives Vorgehen (Explore, Design, Build, Test, Re-Design) in der Erarbeitung eines Business Ökosystems. Hierbei wird explizit auf die Bedürfnisse der Nutzer, die Akteure im System, die Value Proposition, die Definition der Wertströme und die Ergebnisse aus den Tests von Prototypen eingegangen, wie auch auf die Vor- und Nachteile eines jeden Akteurs und die mehrdimensionale Betrachtung der Geschäftsmodelle. Im Zentrum steht das (Re-) Design des eigentlichen Ökosystems.

Business Ökosystem Canvas

Kernfragen der jeweiligen Elemente

Bedürfnisse der Nutzer/Kunden

Wer ist der Kunde bzw. Nutzer und welches Problem soll gelöst werden?

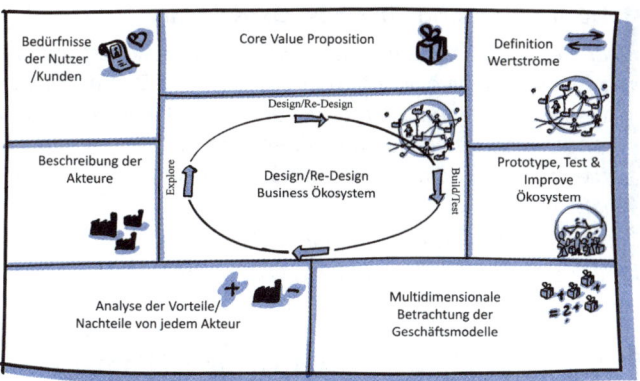

Beschreibung der Akteure

Wer sind die Akteure im System und welche Rolle haben sie?

Analyse der Vorteile/Nachteile je Akteur

Was sind die Vorteile und Nachteile für den Akteur im aktuellen und in einem zukünftigen System?

Core Value Proposition

Was ist das Werteversprechen an den Nutzer?

Definition Wertströme

Was sind die aktuellen und die zukünftigen Wertströme?

Prototype, Test, Improve Ökosystem

Mit welchem MVP starten wir die Exploration im Ökosystem?

Multidimensionale Betrachtung der Geschäftsmodelle

Was sind die attraktiven Geschäftsmodelle für jeden Akteur im System?

Design/Re-Design Business Ökosystem

Im Kern des Canvas wird das Ökosystem visualisiert und die Akteure, Prozesse und Wertströme definiert. Darüber hinaus werden die Akteure mit erweiterten und komplementären Angeboten, Enabling-Funktionen und anderen Akteuren, die direkt oder indirekt Teil des Systems sind, auf der Landkarte platziert.

Welche Akteure sind zentral in der Erbringung der „Core Value Proposition" im Business Ökosystem?

Wichtig ist, in Iterationen vorzugehen und in Szenarien mit unterschiedlichen Akteuren im System zu denken.
• Welche Akteure können eliminiert werden?
• Gibt es Akteure, die multidimensional oder besser die Wertströme skalieren?
• Ist das Business Ökosystem im neuen Szenario robust und überlebensfähig?

Im Ökosystem Design Canvas sind alle wesentlichen Elemente enthalten. Mit dem Business Ökosystem Canvas können neue Systeme (Green-Field-Approach) oder bestehende Ökosysteme verbessert werden. Bei der Gestaltung von radikal neuen Ökosystemen werden oft im Vorfeld bestimmte Akteure im Business Ökosystem eliminiert. Es handelt sich oft um Intermediäre, die aufgrund von Informationstechnologie oder Automatisierung keine Relevanz im System mehr besitzen. In vielen Fällen, in denen es schon existierende Lösungen gibt, kann es als sinnvoll erachtet werden, zuerst das heute vorherrschende Business Ökosystem zu erstellen und in einer zweiten Iteration zu optimieren (Re-Design).

Auf den Punkt gebracht

Der Begriff Business Ökosystem lässt sich prinzipiell auf alle Maturitätsstufen beziehen. Das Denken in Business Ökosystemen der dritten Maturitätsstufe (= dezentralisiertes Netzwerk) haben die folgenden Merkmale:

- auf den Nutzer fokussiert
- lose gekoppelt & auf Co-Creation ausgelegt
- vernetzte & dezentrale Systemelemente
- abgestimmte & akzeptierte Wertesysteme der Akteure
- branchenübergreifende Angebote
- maximaler Nutzen für die Teilnehmer & Akteure
- Bedürfnisse der Entscheider berücksichtigen
- gestützt durch neue Technologien (z. B. Data Analytics oder Blockchain)
- schrittweiser Aufbau eines Minimal Viable Ecosystems (MVE)

„The only way to win is to learn faster than anyone else."

Eric Ries, Silicon-Valley Entrepreneur und Bestsellerautor
(Quelle: Ries, E., 2014)

10. Design von Geschäftsmodellen

Im Design von Ökosystemen ist es ein wichtiges Element, das eigene Geschäftsmodell zu gestalten und ebenfalls eine multidimensionale Betrachtung der Geschäftsmodelle der Akteure im System durchzuführen. Da die Wirtschaftlichkeit einer Lösung zudem ein Erfolgsfaktor darstellt, wird das Design von Geschäftsmodellen heute mehr denn je eng an das Design Thinking gebunden. Bei digitalen Lösungen bietet es sich an, den Lean Start-up Ansatz zu wählen (vgl. Blank, 2013; Ries, 2014; Maurya, 2010), da er im Gegensatz zu eher traditionellen Geschäftsmodellansätzen eine dynamische Umsetzung zu niedrigen Kosten im Fokus hat (Denken in Minimum Viable Product & Ecosystem).

> Alle Schritte im Design Thinking und dessen Ergebnisse leisten eine wichtige Basis, da wir auf viele Informationen für die Arbeit mit dem Lean Canvas zurückgreifen können. Insbesondere auch bei der Beschreibung der Kundensegmente und der „Early Adopter".

Hier helfen uns die erstellte Persona und die jeweiligen Kundenprofile, die wir in den frühen Phasen des Design Thinking Zyklus iterativ erarbeitet hatten. Der Lean Canvas wird ebenfalls durch Iterationen verbessert. Oft ergeben sich aufgrund von Experimenten und Nutzerfeedbacks neue Erkenntnisse, die helfen, die jeweiligen Felder im Canvas zu überarbeiten.

Der Hauptvorteil beim Lean Canvas ist, dass wir vermeiden, digitale Angebote zu entwickeln, die später keinen
Abnehmer finden oder nur bedingt skaliert werden
können. Durch eine frühe Überprüfung von Hypothe-
sen werden zudem Kosten gespart. Die eigentliche
Entwicklung erfolgt erst, wenn die wichtigsten Hypo-
thesen bestätigt werden.

Im Folgenden werden die wichtigsten Fragen für die einzelnen Elemente aus dem Canvas kurz beschrieben. Ergänzend
ist jedoch zu empfehlen, z. B., das Buch „Running Lean" und
„Scaling Lean" von Ash Maurya zu lesen, in dem der Lean
Start-up Ansatz umfänglich beschrieben wird.

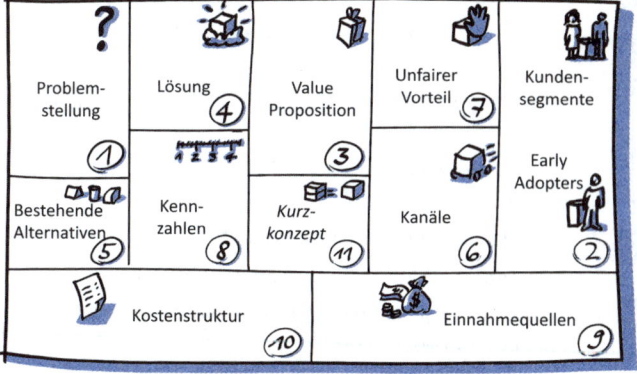

Lean Start-up Ansatz: Lean Canvas

Das Lean Canvas dient an dieser Stelle nicht dazu, möglichst viele neue Ideen zu generieren, sondern den ersten, plausibelsten Plan für die Umsetzung der Idee oder Marktopportunität zu legen. Die Basis-Information kommt aus unseren Design Thinking Lösungen. So ergibt sich, automatisch, dass wir mit der Problemstellung beim Ausfüllen starten.

Kernfragen der jeweiligen Elemente (1–11):

1. *Welches sind die Hauptprobleme, die das Geschäft lösen muss?*

2. *Für wen schöpfen wir Wert und wer sind unsere wichtigsten Kunden?*

3. *Welchen Wert vermitteln wir unserem Kunden?*

4. *Beschreibung der Lösung für unser Problem?*

5. *Wie wurde das Problem bisher gelöst?*

6. *Über welche Kanäle wollen unsere Kunden erreicht werden?*

7. *Was ist der unfaire Vorteil, den andere nur schwer kopieren können?*

8. *Welche messbaren Zahlen zeigen, ob die Lösung funktioniert?*

9. *Was sind unsere Einnahmequellen?*

10. *Was sind unsere fixen und variablen Kosten?*

11. *Was ist eine gute Analogie, um unsere Lösung als Kurzkonzept zu beschreiben?*

Für digitale Angebote kann der Einstieg im Canvas aber auch anders erfolgen – also nicht ausgehend von der Problemstellung und dem Kundenprofil.

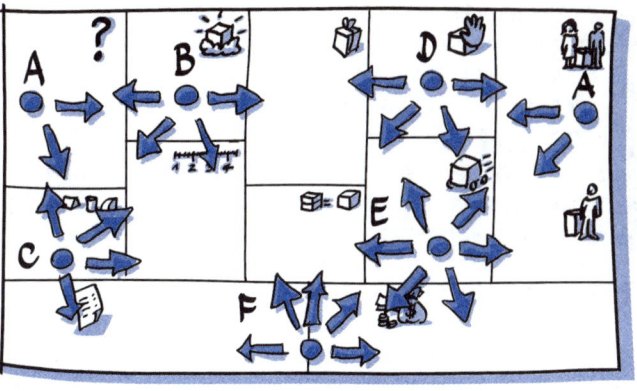

Weitere Einstiegsoptionen & Beispiele – Lean Canvas

B) Über die Lösung: Oft wird diese Variante gewählt, wenn bislang physische Gegenstände und manuelle Tätigkeiten in die digitale Welt überführt werden. Bsp.: Crypto Shares – die Emission von Aktien über eine Blockchain.

C) Über fehlende, existierende Alternativen: In diesem Fall suchen wir konkrete Anwendungsfälle, in denen eine digitale Lösung, z. B. Blockchain, der richtige Enabler ist. Beispiel: Mikro-Versicherungen, die es uns erlauben, kurzfristig und bedarfsgerecht in Kleinstbeträgen einen Gegenstand für ein spezifisches Event zu versichern.

D) Über den Aufbau eines unfairen Vorteils: Ein unfairer Vorteil als Schutz vor Kopien des eigenen Geschäftsmodells kann ebenfalls ein Einstiegspunkt sein, z. B. durch den Aufbau eines ganzen Ökosystems (siehe auch Kapitel 9). Beispiel: Android App Store.

E) Über digitale statt physische Kanäle: Firmen wie Amazon bauen ihren Kanalzugang durch immer neue Dienstleistungen weiter aus. Der digitale Zugang, direkt oder über einen Partner, kann der Einstiegspunkt sein. Beispiel: Amazon Services

F) Über bestehende Geschäftsmodelle: Bestehende Geschäftsmodelle, die im eigenen Umfeld oder Sprachraum noch nicht umgesetzt werden. Bestehende Lösungsansätze werden kopiert und auf den neuen digitalen Kontext angepasst. Beispiel: Online-Brillen-Händler.

Das Alleinstellungsmerkmal steht im Zentrum des Lean Canvas. In der Regel ist das Alleinstellungsmerkmal ein Mix aus den Bedürfnissen der Kunden, dem Lösungsansatz, Vorteile der Lösung oder auch einem echten Unterscheidungsmerkmal von bestehenden Lösungen oder einem Wettbewerber.

! Eine ausdrucksstarke Value Proposition ist anders als die anderen Werteversprechen, aber noch viel wichtiger, der Unterschied hat Relevanz. Zudem sollte die Nachricht einfach und spezifisch sein und auf keinen Fall Funktionen erklären, sondern den Mehrwert für den Nutzer. Einzelne Wörter sind mit Vorsicht auszuwählen und müssen zur Marke passen (z. B. Performanz = BMW oder Design = Audi).

Ein gutes Werkzeug zur Erarbeitung des Alleinstellungsmerkmals ist die „Need-Approach-Benefit-Competition" Analyse (kurz: NABC).

 **NEED**  **APPROACH** **BENEFITS** **COMPETITION**

NABC als Instrument zur Ausarbeitung der Value Proposition

Kernfragen

NEED	• Welche Kunden sprechen wir an und was ist das zentrale Kundenbedürfnis? • Womit hat der Kunde heute Mühe und wo gibt es Verbesserungsmöglichkeiten? • Wo sind Hauptprobleme und wo liegt die Chance?
APPROCH	• Wie beschreiben wir den Lösungsansatz bzw. das Leistungsversprechen? • Wie sieht der Produkte-, Service- oder Prozessvorschlag aus? • Wie verdienen wir Geld damit und welche technologischen Treiber haben Einfluss auf unser Geschäftsmodell?
BENEFIT	• Welches ist der Nutzen für den Kunden? • Welches sind qualitative und quantitative Vorteile für den Kunden? • Wie können die Vorteile am besten kommuniziert werden?
COMPETI-TION	• Welche Alternativen existieren heute und in Zukunft? • Welches ist das Risiko? • Wie wurden die Probleme bisher gelöst?

Auf den Punkt gebracht

Die iterative Erarbeitung eines Geschäftsmodells geht mit dem Design Thinking Hand in Hand. Zunehmend erfolgt eine multidimensionale Betrachtung der Geschäftsmodelle in der Gestaltung von Business Ökosystemen.

Der Lean Canvas hilft:

- die Idee zu strukturieren und die Vision der Geschäftsidee darzustellen.

- die richtigen Fragen zu stellen, um so die kritischen Annahmen zu hinterfragen.

- das Risiko zu scheitern zu verringern.

- Struktur in die Überlegungen zu bringen.

- die Finanzierungschancen in vielen Fällen zu erhöhen, da viele Projektsponsoren von der Methodik überzeugt sind.

- eine klare Value Proposition zu formulieren, die mit weiteren Werkzeugen, wie einer NABC Analyse untermauert werden kann.

- als Ergänzung zum „Product Vision Prototype", das Gesamtkonzept zu verfeinern.

11. Big Data Analytics & Design Thinking

Die Kombination von Design Thinking und Big Data Analytics, das sognannte Hybride Modell (Lewrick & Link, 2015), basiert auf der Überlegung, dass wir analytisches und intuitives Denken in einem holistischen Ansatz verknüpfen.

Dieses kombinierte Mindset bietet sehr viele Vorteile:

- *Besseres Verständnis des Kunden und seiner Bedürfnisse*
- *Entscheidungssicherheit durch breitere Abstützung von Erkenntnissen*
- *Fundierte Entscheidungen und bessere Validierung von Annahmen*
- *Abgleich und Validierung von Erkenntnissen*
- *Besserer Managementsupport durch die Quantifizierung von qualitativen Erkenntnissen*
- *Daten wird Kontext in Form von Geschichten gegeben*
- *Basis für Datengetriebene Innovationen*

Jedoch bedarf das Hybride Modell auch mehr Expertise in Bezug auf analytische Werkzeuge. So macht es Sinn, die Teams sowohl mit Data Scientists als auch mit Design Thinkers auszustatten.

Für das Hybride Modell wurde Design Thinking als Basis genommen, um weiterhin ein gutes Verständnis zu besitzen, wo wir im Prozess stehen. Über den ganzen Prozess, vom

Problem bis zur Lösung, wird so die Effizienz und Effektivität gesteigert, indem Synergien mit den Big Data Analytics genutzt und die Zusammenarbeit gefördert werden. Die Phasen vom Design Thinking Prozess (Verstehen, Beobachten, PoV, Ideen generieren, Prototypen bauen und testen) wurden einleitend im Mikrozyklus beschrieben, und so konzentrieren wir uns auf die Elemente, die ergänzt wurden. Eine gemeinsame Toolbox an Design Thinking-Werkzeugen und -Instrumenten zur Datenanalyse und Visualisierung ist unabdingbar.

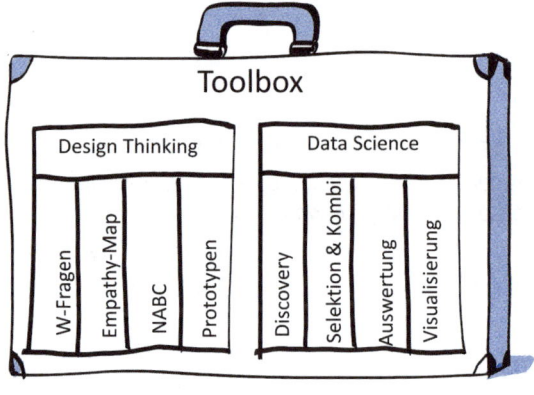

Der Hybride Prozess

Am Anfang stehen die Problemstellung und die Bedürfnisse eines Nutzers, die gelöst werden sollen. Am Ende kann die Lösung z.B. ein neu definiertes physisches Produkt sein, aber auch eine digitale Lösung in Form eines Dashboards oder eine kombinierte Lösung, die beide Elemente enthält.

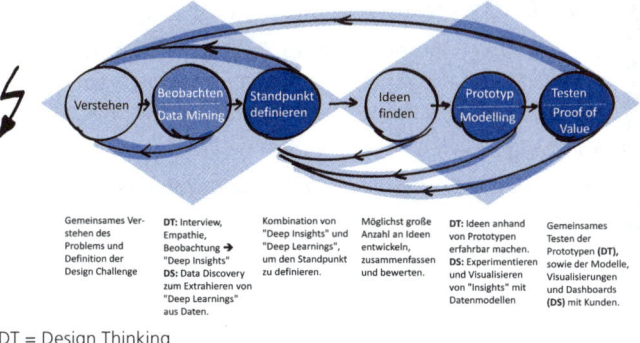

	Verstehen	Beobachten Data Mining	Standpunkt definieren	Ideen finden	Prototyp Modelling	Testen Proof of Value
	Gemeinsames Verstehen des Problems und Definition der Design Challenge	**DT:** Interview, Empathie, Beobachtung → "Deep Insights" **DS:** Data Discovery zum Extrahieren von "Deep Learnings" aus Daten.	Kombination von "Deep Insights" und "Deep Learnings", um den Standpunkt zu definieren.	Möglichst große Anzahl an Ideen entwickeln, zusammenfassen und bewerten.	**DT:** Ideen anhand von Prototypen erfahrbar machen. **DS:** Experimentieren und Visualisieren von "Insights" mit Datenmodellen	Gemeinsames Testen der Prototypen **(DT)**, sowie der Modelle, Visualisierungen und Dashboards **(DS)** mit Kunden.

DT = Design Thinking
DS = Data Science

Die Anwendung des hybriden Modells lässt sich am besten an einem Beispiel erläutern. Im Folgenden nehmen wir exemplarisch eine Problemstellung und Nutzen dafür Elemente die das hybride Modell vorschlägt.

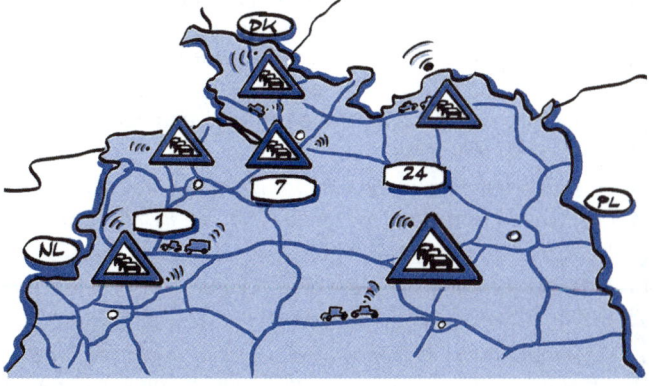

Der ADAC warnt

Die Fahrt am Morgen beginnt mit langen Staus, warnt der ADAC in einer Prognose. Um Ausweichrouten braucht man sich jetzt keine Gedanken mehr zu machen – es gibt sie nicht

Ableitung einer Problemstellung:

Wie kann der Stau zu Stoßzeiten auf Autobahnen reduziert werden?

Wie im Design Thinking auch, wird am Anfang ein gemeinsames Verständnis für das Problem geschaffen (= Phase „Verstehen"). Wichtig ist, dass hier bereits Data Scientists und Design Thinker zusammenarbeiten. Es geht darum möglichst viele Erkenntnisse zusammenzutragen und das Verständnis für das Problem zu schärfen.

Beispiel Phase: Verstehen

Für unser Beispiel Fragen wir uns z. B. „Was zu Stau führt?" Data Analytics wird uns Antworten zu einem größeren Bild und dessen Zusammenhänge geben, basierend auf „Open Data" zu Ladungöffnungszeiten, Auslastung von Personen pro PKW und explizit erhobenen Daten, wie z. B. Bewegungsdaten von Mobiltelefonen, und Videoaufzeichnungen von Verkehrskameras etc.

Hieraus entsteht z. B. die Erkenntnis, dass es reichen würde die Staus zu vermeiden, wenn nur 15 % der Pendler zu einem anderen Zeitpunkt losfahren.

Ergänzend fragen wir nach dem „Warum". Hier liefert uns Design Thinking tiefe Erkenntnisse.

Anwendung von Personas, wie z. B. der: „Typischer Pendler Markus" gibt Aufschluss über die Abfahrtszeit von Zuhause und warum mit dem Auto gependelt wird. Gegebenenfalls

erhalten wir auch Erkenntnisse, dass das tägliche Pendeln das Budget belastet und dass eine Entlastung gut wäre.

Es folgt die Phase „Beobachten & Data Mining". Diese wird getrennt, respektive parallel in Sub-Teams durchgeführt. Der Fokus liegt in dieser Phase auf den „Deep Insights" und den „Deep Learnings". Erstere entsteht aus unseren klassischen Beobachtungen von Kunden, Nutzern etc. Um „Deep Learnings" zu erhalten, müssen Daten gesammelt, beschrieben und untersucht werden, wodurch erste Muster erkannt und visualisiert werden. Es ist zu empfehlen, die Erkenntnisse aus den beiden Erkundungen gemeinsam zu diskutieren und das weitere Vorgehen zu besprechen.

Beispiel Phase: Beobachten & Data Mining

Konsolidierte Resultate aus dieser Phase könnten zum Beispiel sein:

- *Die meisten Pendler auf Strecke xy sind vor 8:30 im Industriegebiet A und im Stadtzentrum B.*
- *Alle Universitäten und Fachhochschulen beginnen ihre erste Vorlesung um 8:00 Uhr.*
- *Nur 5 % der Befragten kennen Car-Pool Angebote.*
- *Das Auto wird genommen, da es eine schlechte Zubringerverbindung von Bussen zum Bahnhof gibt.*
- *Die Parkplätze am Zielort sind gratis*
- *30% der Autofahrer sind flexibel, da sie z.B. Gleitzeit in ihrem Job haben.*
- *Autofahren wird immer teurer aufgrund von steigenden Rohölpreisen.*

!

> Durch die Anreicherung mit Informationen aus großen
> Datenmengen erschließen wir neue Erkenntnisse oder
> können unsere Annahmen validieren. Design Thinking
> gräbt tiefer und ergründet die wahren Bedürfnisse der
> Nutzer.

Im Anschluss folgt die Synthese. Der Standpunkt ist zu
definieren. Durch die Datenanalyse erhalten wir nicht nur
einzelne Ergebnispunkte, sondern z. B. ganze Muster von
Bewegungsdaten in Echtzeit. Die Definition von einem
Standpunkt wird durch die größere Anzahl an Erkenntnissen
zwar aufwendiger, jedoch haben wir auch mehr „Insights".

Beispiel Phase: Standpunkt Definition

*Die Standpunkt Definition folgt dem Schemata, welches
bereits 6.3.3 beschrieben wurde. Der PoV könnte sich z. B.
wie folgt lesen:*

*Der Pendler Markus (Ledig, 22 Jahre, Student der Infor-
matik), würde zu einem späteren Zeitpunkt am Morgen
losfahren. Dafür würde er aber gerne eine Entschädigung
bekommen, da die tägliche Autofahrt sein Budget belastet.*

*Für den PoV wurde z. B. die Erkenntnis verwertet, dass,
wenn nur 15 % aller Pendler zu einem anderen Zeitpunkt
losfahren, es keine Staubildung gibt. Design Thinking hat
erkundet, dass eine Intensivierung das Handeln und Partizipieren unterstützt.*

Nach dem der Standpunkt definiert ist, geht es in gewohnter
Weise weiter. Weiterhin ist das Ziel möglichst viele Ideen zu
generieren, die anschließend von den Teams bestehend aus

Data Scientisten und Design Thinkern zusammengefasst und bewertet werden. Am Schluss der Phase stehen mehrere Ideen für die weiteren Schritte zur Auswahl.

Beispiel Phase: Ideen finden

Ideen aus dieser Phase könnten zum Bsp. sein:

- *Bildung einer „Stau-Community", die sich gegenseitig intensiviert den Verkehrsfluss zu optimieren.*
- *Verringerung der Parkplätze in Städten*
- *Änderung von Anfangszeiten für Vorlesungen zur Verkehrsentlastung usw.*

In der Phase Prototyp & Modelling entwickeln wir Prototypen und führen Experimente mit Modellen in Sub-Teams durch. Prototypen machen die Ideen erlebbar und einfach verständlich.

Wie wir wissen, kann ein Prototyp verschiedene Formen annehmen, und so ist ein Algorithmus ebenfalls als einfacher Prototyp zu betrachten. Die Erkenntnisse aus den Daten-Experimenten werden am besten mit Modellen in Form von Visualisierungen dargestellt, was die beste Lösung im Data Science Bereich ist, um etwas greifbar und anschaulich zu machen.

Beispiel Phase: Prototyp & Modelling

Bsp. von Prototypen

- *Simulation von Bewegungsdaten bei einem späteren Start der Vorlesungen.*
- *A/B Testing über Höhe der Intensivierung, um später am Morgen loszufahren.*

> • *Dynamische Preisbildung für Parkplätze oder Straßenge-*
> *bühren nach Verkehrsaufkommen etc.*

Nachdem der Prototype gebaut ist, soll seine Funktion (z. B. Algorithmus) oder Interaktion einer Funktion, z. B. Notifikation getestet werden. In dieser Phase werden mit dem potenziellen Nutzer die Prototypen getestet, um aus dem Feedback zu lernen und dadurch die Lösungen den Bedürfnissen des Kunden anzupassen. Dazu gehören auch Modelle, Visualisierungen und Dashboards aus dem Data Science Bereich, die als Basis für den Prototyp dienen.

> ### Beispiel Phase: Testen & Proof of Value
>
> *Beispiele für Testfragen*
> • *Funktioniert die Intensivierung für einen bestimmten Bal-*
>   *lungsbereich?*
> • *Welche Zielgruppe ist ehesten bereit die Zeit in der gepen-*
>   *delt wird zu verschieben?*

In der abschließenden „Realisierungsphase" geht es um die Umsetzung. Dazu gehört das Integrieren der Modelle in das operative Geschäft. Während bei Data Science Projekten typischerweise eher Datenlösungen entstehen und Design Thinker üblicherweise eher zu Lösungen tendieren, bei denen eine starke Interaktion mit Menschen stattfindet, entstehen erfahrungsgemäß aus dem hybriden Prozess auch kombinierte Lösungen. So kann z. B. ein Service inklusive Geschäftsmodell entstehen, der aufgrund der Aggregation verschiedener Datenquellen einen Mehrwert darstellt, wie das vorhergehenden Beispiel, dass eine Verhaltensänderung

von Autofahrern zur Stauvermeidung in Kombination mit einer App als Lösung hervorgebracht hat.

Die größte Herausforderung im Hybriden Model besteht in der Zusammenarbeit von Teams, die aus Data Scientists und Design Thinkern bestehen. Es bedarf eines Facilitators, der die Werkzeuge beider versteht und zielgerichtet anwenden kann.

Zunehmend nutzen Design Teams die Möglichkeiten von Big Data Analytics ergänzend, um schneller an valide Erkenntnisse zu kommen.

Exkurs: Was bedeutet Big Data / Analytics?

Wie es der Begriff schon vermuten lässt handelt es sich um große und komplexe Datenmengen, die oftmals nur unstrukturiert vorhanden sind. Durch die Kombination von unterschiedlichen Daten lassen sich Rückschlüsse ziehen, die nutzbringend eingesetzt werden können. Die Erkenntnisse helfen z. B. Zielgruppen zu definieren, Marketing-Kampagnen zu optimieren, Risiken besser zu bewerten bis hin zu Anwendungen um Epidemien hervorzusagen. In der Kombination mit Design Thinking können Daten über das „Was" Erkenntnisse liefern, während die Beobachtung im Design Thinking das „Warum" ergründen. Bei der Arbeit mit Daten ist darauf zu achten wem die Daten gehören und wer die Verfügungshoheit über sie hat, wie auch wer ihre Nutzung kontrolliert. (vgl. Mainzer, 2014, Seiter, 2017)

Gerade in der Entwicklung von digitalen Lösungen wird Big Data Analytics zum Schlüsselfaktor. Dies reicht von der Ergründung bereits gesammelter Daten bis hin zu einem potentiellen Geschäftsmodell in dem die generierten Daten an dritte weiterverkauft werden können oder unser System besser und genauer macht.

Auf den Punkt gebracht

- Das hybride Modell bietet die Möglichkeit, die Fokussierung auf ein Gesamtbild zu kombinieren, bestehend aus Empathie zu Menschen und Erkenntnissen aus Daten.

- Diese Kombination ist besonders bei Digitalisierungsprojekten geeignet, aber auch eine Bereicherung bei allgegenwertigen Problemstellungen.

- Falls bereits Daten vorhanden sind, macht eine Exploration über alle Design Phasen Sinn. Aber auch die Sammlung von Daten zu bestimmten Fokussierungen bringt einen erheblichen Erkenntnisgewinn.

- Der Werkzeugkasten besteht aus den bekannten Design Thinking Methoden sowie aus Big Data & Analytics Werkzeugen.

12. Die Umsetzung von Lösungen

Für den Innovationserfolg ist nicht nur die Qualität der Lösung entscheidend, sondern auch die Umsetzung. Oftmals wird die Wichtigkeit unterschätzt, die Stakeholder frühzeitig mit einzubeziehen und ihre Befindlichkeiten abzuholen.

> „Keiner wird uns die Tür aufhalten", wenn wir mit unserer Lösung in der Vorstandsetage oder bei einem potenziellen Projektsponsor um Ressourcen anstehen. **!**

Eine Möglichkeit, die Umsetzung besser zu planen und zu steuern, geht über die Anwendung von Stakeholder Maps. Eine Stakeholder Map beschreibt das System mit seinen Akteuren und sollte von Anfang an integraler Bestandteil des Design Zyklus sein. Am Ende geht es wieder um Menschen, ihre Aufgaben, Wünsche und Frustrationen. Eine Stakeholder Map hilft, die wichtigsten Akteure zu benennen und ihre Beziehung zueinander zu visualisieren. Es sind meist unsere internen Kunden, denen wir das Projekt verkaufen müssen, aber auch Business Angels oder anderen Investoren.

Stakeholder-Maps initiieren

Beispielhafte Kernfragen bei internen Vorhaben:

- *Welches sind die aktuellen Herausforderungen aus Sicht der jeweiligen Geschäftsleitungsmitglieder?*
- *Wie passt die Lösung zur großen Vision der Firma?*
- *Wie passt die Lösung zur Unternehmensstrategie?*
- *Wer blockiert aus welchen Gründen die Lösung?*

Die visuelle Arbeit im Team bei der Beantwortung der Fragen ist wichtig. Am besten werden Spielfiguren mit Charakter-Eigenschaften genutzt.

How to bring it home?

Stakeholder Maps umsetzen

Es braucht einen großen Tisch, der mit Papier bezogen wird, Post-its, Stifte und dazu ein paar Bänder, Legosteine und Schnüre.

Schnüre sind besonders hilfreich, um die Verbindungen zwischen den Stakeholdern herzustellen und zu visualisieren. Hier können auch verschiedene Farben gewählt werden (z. B. Grün, Orange, Rot). Mit Rot kann z. B. der Widerstand der Interaktion hervorzuheben werden.

Die Diskussion sollte sehr offen geführt werden. Am Ende werden die nötigen Maßnahmen definiert, um zielgerichtet auf die einzelnen Stakeholder zuzugehen.

Um das Buy-in zu erhalten, ist es zu empfehlen, die Betroffenen zu Beteiligten zu machen. Entweder indem die Entscheidungsträger und Projektsponsoren Teil des kreativen Prozess werden oder an ausgesuchten Präsentationen von ersten Prototypen oder finalen Präsentationen teilnehmen.

!

Auf den Punkt gebracht

- Eine der größten Herausforderungen ist die Umsetzung von Ideen.

- Die Erarbeitung einer Stakeholder Map ist eine Möglichkeit, die Beziehungen besser zu verstehen und Strategien für eine erfolgreiche Umsetzung zu gestalten.

- Es hilft, die Entscheidungsträger und Projektsponsoren frühzeitig miteinzubeziehen.

- Die Visualisierung und das Aufzeigen von Hürden und Verbindungen macht das System authentisch.

- Für die Erstellung einer Stakeholder Map können wir zudem die Fähigkeiten aus dem System Thinking und Business Ökosystem Design verwenden (z. B. Ausarbeitung der Vorteile für jeden Akteur und Entscheidungsträger etc.)

13. Zusammenfassung & Ausblick

Am Ende möchte ich die „Reise" durch diese kompakte Design Thinking Ausgabe reflektieren. Die Grundzüge von Design Thinking, mit einer Auswahl an Methoden und Werkzeugen, wurde vorgestellt. Klassischen Design Thinking Elementen wie Raum und Team wurden in diesem Buch weniger Aufmerksamkeit geschenkt. Dafür wurde Platz geschaffen, um auf Systems Thinking einzugehen und Bewusstsein für dessen Bedeutung in der Gestaltung von Lösungen in komplexen und dynamischen Umgebungen zu schaffen. Die neuen digitalen Wertströme und dezentralen Netzwerkstrukturen verlangen ebenfalls radikale Ansätze. Hier kommt das Business Ökosystem Design zur Anwendung. Diese Fähigkeit wird zunehmend zum kritischen Erfolgsfaktor, und bislang beherrschen nur wenige Unternehmen diese Disziplin.

Mehr Verbreitung findet inzwischen die Kombination von Big Data und Design Thinking. Obwohl es immer noch schwer ist, gemischte Teams mit Experten aus dem Data Science und Design Thinking Bereich zu formieren, so wird der Ansatz zunehmend gelebt. Es ist wünschenswert, dass zukünftig gemischte Teams in variierenden Denkzuständen zu besseren Lösungen kommen. Eines ist sicher: Die Tiefe der Erkenntnisse über den Prozess steigt massiv an, was aber auch dazu führt, dass die Komplexität über den Design Thinking Prozess erhöht wird. Da in dieser kompakten Ausgabe nicht alles behandelt werden konnte, gibt es noch eine Empfehlung an vertiefender Literatur, die am Ende des Buchs zu finden ist. Wer hingegen eine Ausbildung im Bereich Design Thinking sucht, wird heute an den meisten Universitäten und Hochschulen fündig (vgl. Lewrick et. al. 2012). Das HPI

in Potsdam gehört zu den größten Instituten in Deutschland mit verschiedenen Schwerpunkten. In der Schweiz gibt es z. B. Kurse an der ZHdK, der HSLU oder auch an der HSG. In Österreich bieten z. B. die FH Oberösterreich bis zur Alpen-Adria Universität Kurse und Design Challenges an.

> Die wichtigste Erkenntnis sollte sein, dass es nicht ausreicht, in einer digitalisierten Welt nur Design Thinking anzuwenden. Die Öffnung und Kombination mit anderen Mindsets ist wertvoll, und am Ende werden nur radikale Innovationen entstehen, wenn wir unsere Methoden und Ansätze auch ständig hinterfragen und weiterentwickeln.

Am Ende bleibt nur noch darauf hinzuweisen, dass Design Thinking kein Kochrezept ist, wo nach zwei Brainstorming-Sitzungen, 40 W-Fragen und drei Iterationen eine neue Marktopportunität entsteht. Je nach Situation sind die Vorgehensweisen und Methoden anzupassen. Und der Design Thinking Prozess und auch die Loops im Business Ökosystem Design dienen ausschließlich zur Orientierung für die Teams, um allen klar zu machen, wo wir im Prozess oder im Loop stehen.

> Der Weg auf der Suche nach der nächsten großen Idee ist am Anfang der Reise unbekannt.

Und zum guten Schluss möchte ich auf den Selbstcheck in Kapitel 14 hinweisen, der uns immer wieder daran erinnert, das Design Thinking Mindset in unsere Arbeit zu integrieren!

14. Checkliste zum Design Thinking

Die folgende Checkliste regt die ständige Reflexion an, um sich auf die wesentlichen Aspekte im Design Thinking während seiner Arbeit zu konzentrieren. Aus eigener Erfahrung werden wir uns immer wieder dabei ertappen, in alte Muster zurückzufallen.

Der Selbstcheck

1. Haben wir ein Problemstatement definiert und einen klaren, inspirierenden und kreativen Rahmen?

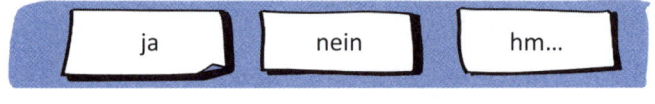

2. Haben wir unseren potenziellen Nutzer in seinem Umfeld erlebt und in der Interaktion mit einer ersten Idee oder Prototypen beobachten können?

3. Arbeiten wir mit Prototypen, Feedbacks & Iterationen?

4. Kommunizieren und gestalten wir mit Geschichten und Visualisierungen, um die Zielgruppe richtig anzusprechen?

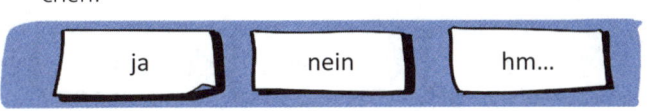

ja   nein   hm...

5. Haben wir in unserem Team Menschen, die Neugier, Empathie, Kreativität und Optimismus leben?

ja   nein   hm...

6. Ist die Interaktion mit dem User genauso berücksichtigt wie der Vorteil für den Auftraggeber und die Möglichkeit, die Lösung umzusetzen?

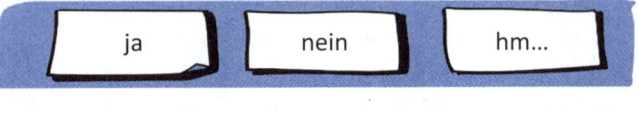

ja   nein   hm...

7. Ist das Geschäftsmodell für die Lösung klar, und wurde im Sinne eines Ökosystemansatzes eine multidimensionale Betrachtung der Geschäftsmodelle durchgeführt?

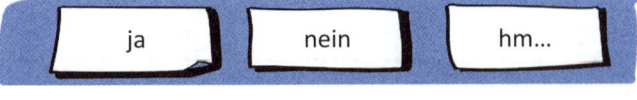

ja   nein   hm...

8. Wissen wir, wie das Business Ökosystem heute funktioniert und wie wir es aktiv gestalten und optimieren können?

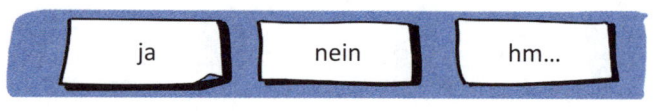

ja   nein   hm…

9. Empfinden die anderen Akteure im System die Zusammenarbeit als attraktiv, und sind die physischen und digitalen Wertströme definiert?

ja   nein   hm…

10. Gibt es Möglichkeiten, mit Big Data & Analytics mehr Erkenntnisse zu erhalten oder datengetrieben zu innovieren?

ja   nein   hm…

11. Haben wir in unserem Team Menschen mit den nötigen Kompetenzen für die Umsetzung?

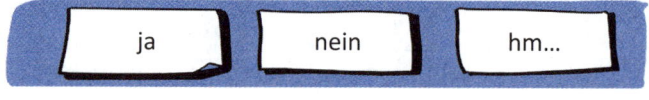

ja   nein   hm…

12. Sind wir in einer Umgebung, die es zulässt, der Kreativität freien Lauf zu lassen und experimentell zu arbeiten?

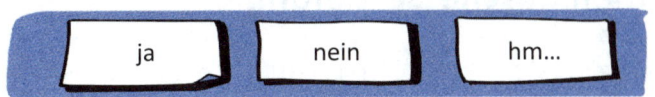

ja   nein   hm...

Empfohlene Literatur für eine thematische Vertiefung

Lewrick, M., Link, P, Leifer, L. (2019): Das Design Thinking Toolbook

Lewrick, M., und Thommen, J-P. (2019): Das Design Your Future Playbook

Lewrick, M., Link, P, Leifer, L. (2018): Das Design Thinking Playbook, Vahlen Verlag

Sauvonnet, E. und Blatt, M. (2017): Wo ist das Problem? Vahlen Verlag

Uebernickel, F. und Brenner, W. (2015): Design Thinking Handbuch. Frankfurter Allgemeine Buch

Carleton, T. und Cockayne, W. (2013): Playbook for Strategic Foresight & Innovation

Gerstbach, I. (2016): Design Thinking in Unternehmen. Gabal Verlag

Brown, T. (2016): Change by Design. Vahlen Verlag

Osterwalder, A. et al (2015): Value Proposition Design. Campus Verlag

Kumar, V. (2012): 101 Design Methods. John Wiley & Sons

Quellen

Amazon (2017), Leadership Principles, Webseite besucht am 2. Oktober 2017: https://www.amazon.jobs/principles

Bild.de (2017), Die Top 10 der fettesten Länder der Welt, Webseite besucht am 14. Oktober 2017: http://www.bild.de/ratgeber/gesundheit/deutschland-in-europa-auf-platz-eins-10626788.bild.html

Blank, S. G. (2013): Why the lean start-up changes everything. Harvard Business Review. 91 (5): S. 63-72

Bogart, S. und Rice, K. (2015) The Blockchain Report: Welcome to the Internet of Value

Cole, T. (2015): *Digitale Transformation*. Vahlen

Google (2017): About Google, Webseite besucht am 2. Oktober 2017: https://www.google.com/about/

Herrmann, N. (1996): The Whole Brain Business Book: Harnessing the Power of the Whole Brain Organization and the Whole Brain Individual, Mcgraw-Hill Professional

HPI (2015): Einige ausgewählte Zitate zum Thema Design Thinking, Webseite besucht am 20. Dezember 2017: https://hpi.de/fileadmin/user_upload/hpi/dokumente/pressemitteilungen/2015/20151012_Zitate_DesignThinking_final.pdf

Keuper F., Hamidian, K., Verwaayen, E., Kalinowski, T; Kraijo, C. (2013), *Digitalisierung und Innovation: Planung – Entstehung – Entwicklungsperspektiven*. Springer, 2013

Leifer, L. (2012): Rede nicht, zeig's mir, in: Organisations Entwicklung (2), S. 8-13

Lewrick, M., Link, P. und Leifer, L. (2018): Das Design Thinking Playbook. Vahlen Verlag

Lewrick, M. und Link, P. (2015): Hybride Management Modelle: Konvergenz von Design Thinking und Big Data. IM+io Fachzeitschrift für Innovation, Organisation und Management (4), S. 68-71

Lewrick, M., Skribanowitz, P. und Huber, F. (2012): Nutzen von Design Thinking Programmen, 16. Interdisziplinäre Jahreskonferenz zur Gründungsforschung (G-Forum), Universität Potsdam

Lewrick, M. (2014): Design Thinking – Ausbildung an Universitäten, S. 87-101. In: Sauvonnet und Blatt (Hrsg). Wo ist das Problem? Neue Beratung

Matzler, K., Bailom, F., von den Eichen, F., Anschober, M. (2017), Digital Disruption: Wie Sie Ihr Unternehmen auf das digitale Zeitalter vorbereiten, Vahlen

Maurya, A. (2010): Running lean: iterate from plan A to a plan that works. The lean series (2nd ed.). O'Reilly

Mainzer, K. (2014) Die Berechnung der Welt: von der Weltformel zu Big Data. Beck, München

Moore, J.F. (1996): The Death of Competition: Leadership & Strategy in the Age of Business Ecosystems. HarperBusiness

Ries, E. (2014): Lean Startup: Schnell, risikolos und erfolgreich Unternehmen gründen. Redline Verlag

Seiter, M (2017), Business Analytics: Effektive Nutzung fortschrittlicher Algorithmen in der Unternehmenssteuerung, Vahlen

Walport, M. (2015): Distributed Ledger Technology: beyond blockchain, www.gov.uk

Der Autor

Dr. Michael Lewrick hatte verschiedene Rollen in den letzten Jahren. Er verantwortete Strategic Growth, fungierte als Chief Innovation Officer und legte das Fundament für unzählige Wachstumsinitiativen in Branchen, die sich in einer Transition befinden. Er unterrichtet Design Thinking als Visiting Professor an verschiedenen Universitäten. Diverse internationale Unternehmen haben mit seiner Hilfe radikale Innovationen und neue Business Ökosysteme entwickelt und kommerzialisiert. Er postuliert ein neues Mindset von konvergierenden Ansätzen von Design Thinking in der Digitalisierung.

Er ist u. a. Herausgeber des internationalen Bestsellers „Das Design Thinking Playbook".

Impressum: Verlag C. H. Beck im Internet: www.beck.de
ISBN: 978-3-406-72060-4
© 2018 Verlag C. H. Beck oHG
Wilhelmstraße 9, 80801 München
Satz: Fotosatz Buck, 84036 Kumhausen
Druck und Bindung: Beltz Bad Lagensalza GmbH
Am Fliegerhorst 8, 99947 Bad Langensalza GmbH
Umschlaggestaltung: Ralph Zimmermann – Bureau Parapluie
Umschlagbild: Achim Schmidt
Illustrationen: Achim Schmidt
Gedruckt auf säurefreiem, alterungsbeständigem Papier
(hergestellt aus chlorfrei gebleichtem Zellstoff)

So nutzen Sie dieses Buch

Die folgenden Elemente erleichtern Ihnen die Orientierung im Buch:

Übung

Dieses Buch startet mit einer kleinen Übung, um das Vorgehen und das Mindset im Design Thinking besser zu verstehen.

Beispiele, Methoden und Tools

Hier werden ausgewählte Arbeitswerkzeuge kurz vorgestellt.

Die Merkkästen enthalten Hinweise und wertvolle Tipps.

Auf den Punkt gebracht

Am Ende der Kapitel werden die Inhalte kurz reflektiert.

Design Thinking

Radikale Innovationen in einer digitalisierten Welt

Dr. Michael Lewrick

C.H.BECK